JN089346

# 国家安全保障と地方自治

## 「安保三文書」の具体化ですすむ大軍拡政策

井原　聰・川瀬光義・小山大介
白藤博行・永山茂樹・前田定孝 著

自治体研究社

# はしがき

日本国民は、第２次大戦の戦禍から多くを学び、政府の行為によって再び戦争の惨禍が起ることのないようにすることを決意し、国の政治が、国民の、国民による、国民のためのものであるという人類普遍の原理に基づく日本国憲法を制定した。それにもかかわらず、いま再び、政府はひたすら戦争の準備を始め、「戦争物語」を語り始めている。しかし、国家は戦争を騙るが、国民は平和を語る。国家は「国防三文書」を騙るが、国民は平和憲法を語る。私たちは、平和を愛する諸国民の公正と信義に信頼して、あらためて人間の生命と生活を根源的に脅かす戦争を断固拒否する。否、いまこそ私たちは、私たちの「平和物語」を語り始めなければならない。本書は、そんな思いから編まれたものであり、少しでもその手助けになりたいと心から願う次第である。

戦争は自然に始まるものではない。誰かが戦争を準備し、誰かが始め、誰かを殺戮する。また、憲法は自然に壊れるものではない。権力者が、おのれを縛る憲法を壊す準備をし、おのれに都合の悪い憲法を壊そうとするのである。そして、平和憲法を紙くずにしてしまいたいものたちは、これを手助けしてやまない。平和憲法を失ってしまってからでは遅い。平和を失ってからでは、取り返しがつかない。だから、「もし戦争が始まったら」から出発する「戦争物語」は間違っている。いったん戦争が始まれば、すべて人間の犠牲で終わるからである。武力なき平和を実現する「憲法物語」にこそ、人間の知恵と賢慮があり、人間の未来がある。

こんな時代だからこそ、何度でも繰り返し、神学者であり牧師であったM. ニーメラー（Martin Niemöller）の警句を想い起こしたい。私たちが沈黙していると、私たちは憲法も平和も失ってしまう。未来も失ってしまうからである。

“ナチスが共産主義者を連れ去ったとき、私は共産主義者でなかったから沈黙した。

ナチスが社会主義者を投獄したとき、私は社会主義者でなかったから沈黙した。

ナチスが労働組合員を連れ去ったとき、私は労働組合員でなかったから沈黙した。

そして、ナチスが私を連れ去ったとき、それに抗議する者は誰もいなかった。”

（「ナチスが共産主義者を連れ去ったとき…」（„Als sie die Kommunisten holten...“）、M. ニーメラー財団の HP（https://martin-niemoeller-stiftung.de）の拙訳）

本書が読み解く「国防三文書」（「国家安全保障戦略」、「国家防衛戦略」及び「防衛力整備計画」）は、直接的には、2014 年に閣議決定され、2015 年に制定された「我が国及び国際社会の平和及び安全の確保に資するための自衛隊法等の一部を改正する法律」（いわゆる「安保法制」）を踏まえたものであり具体化したものである。政府が「平和安全法制」というこの「安保体制」は、さらにさかのぼって、2003 年に制定された「武力攻撃事態等及び存立危機事態における我が国の平和と独立並びに国及び国民の安全の確保に関する法律」（「事態対処法」）を始めとする、いわゆる有事関連法制の整備にいきつく。当時の「事態対処法」は、その真偽はともかく、特定国の攻撃を想定したものではなく、あくまでも万が一の武力攻撃事態の備えての態勢整備と説明されていた。これに対して、今度の「国防三文書」は、あからさまに特定の敵国を想定した戦争対処法制であり、それだけでもたち（質）が悪いものといえる。

さて、本書の第１章は、「国防三文書」の全体を鳥瞰し、憲法の観点から「戦争をする国」構想の批判的検討を行っている。第２章は、「国防三文書」のうち、特に「国家安全保障戦略」で強調される「インド・太平洋地域における安全保障」の背景となる経済秩序問題を論じている。第３章は、軍事安全保障と一体化する経済安全保障（法）の本質的問題と喫緊の課題となるセキュリティ・クリアランスの論点を抉り出している。第４章は、すでに始まった軍事産業の育成強化の問題を詳しく批判的に論じている。第５章は、軍事大国化のために無限の膨張を続けるかにみえる防衛・軍事予算をめぐる諸問題を財政民主主義の視点から批判的に検証している。最後に第６章では、あらためて「国家安全保障戦略」を振り返りながら、特に地方自治との関係の論点を提示している。全体として、「国防三文書」の重要論点およびそこから派生する経済・財政の論点について、ほぼ網羅的に批判的な検討がなされているのではないかと思われる。

さいごに、「国防三文書」の目線の先には、軍事大国化のためには邪魔な憲法、特に障害となる憲法第９条の「改正」が見えているのだろう。人間の生命と生活を根源的に脅かす戦争を、「非常事態」や「非平時」といった一般的な概念でひた隠しにしながら、戦争を可能にするための「憲法改正」が進められる危険が差し迫っている。読者のみなさんには、本書を手引きとして、「国防三文書」の先にあるものを探っていただきたい。

2023 年 10 月　　　　　　　　　執筆者を代表して　　白藤博行

「国家安全保障と地方自治」

# 目　次

# 第1章

# 国防三文書とその批判的検討

永山茂樹

## はじめに―三文書とその改定

国防三文書（以下、三文書）とは、①外交・防衛政策の基本方針となる「国家安全保障戦略」（以下、安保戦略）、②防衛目標とそれを達成するための防衛力の水準を定める「国家防衛戦略」（旧称・防衛計画の大綱。以下、国防戦略）、③①の水準を達成するための中長期的な整備計画（「自衛隊の買い物リスト」）を定める「防衛力整備計画」（旧称・中期防衛力整備計画。以下、整備計画）の総称である。

2022年12月16日、国家安全保障会議と閣議は、三文書の改定を承認した（以下、改定三文書）。改定は、安保戦略では13年以来、国防戦略・整備計画では18年以来のことになる。今回の改定の意義は安保戦略じしんの言葉をかりれば、「我が国の安全保障に関する基本的な原則を維持しつつ、戦後の我が国の安全保障政策を実践面から大きく転換するもの」（安保戦略4頁）だという。基本的原則を維持したとはいえないが、戦後の安全保障政策を「大きく転換する」という自己評価は間違っていないだろう。

本章「国防三文書とその批判的検討」では、この新しい三文書の全体的基調、その狙い、憲法上の問題点、改定がもたらす社会の変容、改憲策動との関係についてかんがえる。

## 1　三文書の基調

全体の基調は、国民の安全を等閑視すること、憲法全体を敵視すること、民主的・議会主義的手続を無視することだ。

### ⑴　国民の安全の等閑視

改定三文書は中国を名指しで敵対視する（安保戦略9頁「現在の中国の対外的な姿勢や軍事的動向等は、我が国と国際社会の深刻な懸念事項であり、わが国の平和と安全及び国際社会の平和と安定を確保し、法の支配に基づく国際秩序を強化する上で、これまでにない最大の戦略的な挑戦」）。

また日本の軍事力を抜本的に強化しつつ、日米軍事同盟への依存度をますます高めようとしている（安保戦略20頁「わが国の防衛力を抜本的に強化しつつ、米国との安全保障面における協力を深化すること等により、核を含むあらゆる能力によって裏打ちされた米国の拡大抑止の提供を含む日米同盟の抑止力と対処力を一層強化する」）。

12月16日の記者会見で、岸田首相は「国と国民を守り抜く使命を果たす決意で、新たな国家安保戦略の策定と防衛力の抜本的強化を含む諸課題に答えを出した」と述べた。だが三文書がめざす「新たな国家安保戦略と防衛力の抜本的強化」をすすめれば、「諸課題に答えを出」し、国と国民は守られるのだろうか。

①わたしたちが直面する人類的諸課題―東アジアの軍事的緊張関係、終結のみえないウクライナ戦争、核兵器やクラスター爆弾などの脅威、民族的憎悪、軍事独裁国における自由や民主主義の抑圧、これらは国家が軍事力を行使することから生じている。軍事がもたらす問題を軍事力で解決するというのは、戦略の立て方が根底から誤っている。

関連して、軍縮をすすめる意識がまったくみえない点が気がかりだ。ほんらいそれは「軍備管理・軍縮・不拡散」（安保戦略15頁）の項で書くべきである。しかし看板倒れで、核兵器不拡散体制の維持・強化

（だから、現保有国の核軍縮は課題にしない）、武器国際輸出管理レジームの維持・強化、通常兵器も含めた多国間でのルール作りへの取り組み（だから、通常兵器の軍縮も明記しない）しか書かない。アメリカの核抑止と日本の大軍拡を前提にしてつくられた三文書なので、そこは仕方がないともいえる。

②わたしたちは、さまざまな国民的諸課題をかかえている。地震や台風などの自然災害、格差・貧困、パンデミックで脆弱さを露呈した医療、破綻が危惧される年金、食料やエネルギーの低自給率、人間の尊厳を傷つける不平等と暴力などである。どれをとっても軍事力では解決できない。それどころか資源の軍事的蕩尽は、解決を遠ざける。政府がすすめていることは、私たちの生を「守り抜く」どころか、それをあやうくする。

なるほど三文書は、「食料の…多くを海外からの輸入に依存するわが国の食料安全保障上のリスクが顕在化している中、わが国の食料供給の構造を転換していくこと等が重要である」と、食料安保に触れる（安保戦略26頁）。しかしその課題は以前からあきらかだったのに、自民党政府は有効な手を打ってこなかった。それどころか自給率を低下させる政策（農畜産物の輸入自由化、種苗法改正など）をおこなってきた。だから具体性なく「食料供給の構造を転換していく」といっても、実効性は疑わしい。

またエネルギー安保のため、原発への依存をつよめようとする（安保戦略26頁「（原発の）最大限の活用」）。そのことは、わたしたちに、安全をもたらすだろうか。

およそ半世紀前、福田赳夫や大平正芳ら自民党幹部らは「総合安全保障」構想を語った。彼らの議論には、冷戦構造のなかで、日米安保体制を否定しないという軍事主義的側面がある。しかし同時に資源・エネルギー、食料、自然災害など日本がかかえる脆弱さをリアルにみとめ、国民生活を守る総合安全保障の重要性を認識していた。新しい三文書とは、その発想が違っている。

⑵　憲法の敵視

安保戦略に「憲法」の語は二回、「敵基地攻撃能力（反撃能力）を保有することは、憲法に反しない」ことの説明で使われた（安保戦略18頁）。しかし「相手国領土にある基地を攻撃してよいのか。憲法に違反しないのか」という疑問に、「反撃能力は、憲法及び国際法の範囲内で、専守防衛の考え方を変更するものではな」いと答えても、同義反復の類である。「丁寧な説明」とはいえない。

軍事力の保有は当然のこととされている（安保戦略11頁「防衛力は、我が国の安全保障を確保するための最終的な担保であり、我が国を守り抜く意思と能力を表すものである。国際社会の現実を見れば、この機能は他の手段では代替できない」）。これは、戦力の不保持をきめた9条2項の立場とは異なる。

それ以外の部分でも、改定三文書と憲法は食い違う。

①中国を敵視して、東アジアの軍事的緊張を高める国家戦略（前述）は、国際協調主義（憲法前文、98条2項）に、②国民の権利や安全を犠牲をかえりみない国家主義・軍事主義は、基本的人権の尊重（13条、97条など）に、③地方自治体・住民の異論をおさえこみ、全国に軍事基地を建設することは、地方自治の原則（92条以下）に反する。そして全体として、国家権力の行使は憲法にもとづかなければならない（前文・98条）という立憲主義（constitutionalism）の理念に反する。

改定三文書は、軍事に依拠した「外交」を志向している。強力な軍事力をもち、それを日本国内だけでなく海外で使うことで、国際社会の「平和と安定」を実現することに寄与するという、安倍晋三・元首相が熱心にとなえた「積極的平和主義」を受け継ごうとしている（安保戦略5頁「わが国の安全保障に関する基本的な原則…（として）国際協調を旨とする積極的平和主義を維持する」)。

わたしたちは、軍事によらない国家と社会を建設することを誓ったはずだ。憲法9条1項は、「武力による威嚇又は武力の行使は、国際紛争を解決する手段としては、永久にこれを放棄する」ことを規定した。軍事力をたのみに諸問題を「解決」しようという積極的平和主義の「外交」は、これと違う。「外交」の形式をとっていても、実質は憲法違反の「反・外交」である。

### ⑶　民主的・議会主義的手続の無視

内閣は行政権を行使し（65条「行政権は、内閣に属する」)、また行政の一領域として、「外交関係を処理する」(73条2項)。「外交関係の処理」とは、外国の外交担当者とのあいだで交渉をすること、そのための事務をとりおこなうことを意味する。どのような国際社会を形成するか、他国とどういう関係をとりむすぶかという実質的選択は、主権者＝国民（1条）や、国権の最高機関＝国会（41条）をさしおいて、内閣がきめることではない。外交をふくむ基本的な政治的意思決定は、国権の最高機関である国会の役割である。

また、国会は内閣の行政権行使について、責任を追及する／内閣は国会にたいして連帯して責任を負う（66条3項)。だから（行政の一部である）外交関係の処理に関しても、国会で丁寧に説明をし、野党議員の質問に誠実に答えながら、国会にたいする連帯責任を果たさなければならない。

また行政は法律にもとづかなければならない。とくに国民の権利や義務にかかわる行政には、かならず法律の根拠が必要である。このことを法治行政の原則という。だから政府が三文書を改定しただけでは、国民や国会を拘束できない。それを実行するには、国会による法制化や予算化などの手続が必要である。したがって三文書を実行化するプロセスにおいて、議会制民主主義の議論がおこなわれることが大切なのだ。しかるに。

①三文書は、サイバー安保の対応能力向上として、受動的サイバー防護に加え、能動的サイバー防護を記述する（安保戦略21頁）。もしサイバー攻撃が武力攻撃にふくまれるなら、「安全保障上の懸念を生じさせる重大なサイバー攻撃」にたいして、自衛隊としての武力を行使することもありうる。日本政府はそう説明している。

そのような武力行使の違憲性は措き、そのためには自衛隊法の改正が必要になる。政府は有識者会議をひらき、能動的サイバー防護としての武力行使の正当化を既成事実化させようとしている。

②三文書は、海上保安庁の強化（海軍化）について記述する（安保戦略22頁「有事の際の防衛大臣による海上保安庁に対する統制を含め、海上保安庁と自衛隊の連携・協力を不断に強化する」）。そのため、海上保安庁法の定める任務・権限・指揮規定をあらため、「有事」において海上保安庁を自衛隊に組み入れる手順を整備する必要がある。しかし政府は自衛隊法80条にもとづき、海上保安庁を防衛大臣の指揮下に置く手順「統制要領」だけを決定してしまった（23年5月）。国会の立法手続は回避されている。

③三文書は、宇宙の軍的利用について記述する（安保戦略23頁「自衛隊、海上保安庁等による宇宙空間の利用を強化しつつ」）。自衛隊の宇宙軍創設には、防衛省設置法および自衛隊法の改正が必要になる。防衛省設置法改正で航空自衛隊員の定数増をきめるさい（20年）、政府は「宇宙空間の安定的な利用の確保のための宇宙領域に係る体制の強化や警戒監視体制の強化のため」と説明した。しかし宇宙軍の創設を法律で明記しないままである。あわせて国際法（宇宙条約）が宇宙空間の平和利用の原則を定めている点にも留意しなければならない。

④アメリカだけでなく「同盟国・同志国間のネットワークを重層的に構築するとともに、それを拡大し、抑止力を強化していく。具体的

には、二国間・多国間の対話を通じた同志国等のインド太平洋地域への関与の強化の促進、共同訓練、情報保護協定・物品役務相互提供協定（ACSA）・円滑化協定（RAA）の締結、防衛装備費の共同開発、防衛装備品の移転、（以下、略）の取組を進める」（安保戦略13頁）。これをうけて、日豪・日英間のRAA（円滑化協定＝地位協定）が、国会で承認された（23年4月28日）。このような軍事的ネットワークの拡大・強化が、急激にすすめられている。

また自衛隊は他国との共同訓練や演習にしばしば参加しているが、こうした活動にたいして幹部は、NATO空軍演習「エアディフェンダー」（23年7月）に参加した、とする。しかし訓練への参加にたいして、国会の統制が十分およんでいるとはいえない。

議会制民主主義の制度のなかで十分に議論がおこなわれないまま、改定三文書の実行化プロセスが急速に進められようとしている。しかし三文書に書かれた内容を実行化する／しないことは、国民＝主権者と、国会＝国権の最高機関に任されている。したがって、この三文書を批判的に読み、検討することも、主権者と国会（議員）の権利・責務である。

## 2　だれが三文書改定を推し進めたのか

だれが改定を推し進めたのか。それは、三文書の狙いを理解する重要なヒントになる。結論からいうと、軍事色を強める与野党、アメリカの対中戦略、軍需に期待する財界の思惑が交差したところに、改定があった。

### (1)　軍事色をつよめる与野党

党総務会の議論を経て、自民党は「新たな国家安全保障戦略等の策定に向けた提言」を発表した（22年4月26日）。「国家の独立、国民の生命と財産、領土・領海・領空の主権、自由・民主主義・人権といった基本的な価値観を守り抜いていくために、「自由で開かれたインド太平洋」の実現に取り組み、また、日本の安全保障に万全を期すための施策を、前例にとらわれず推進させなければならない」という立場から書かれている。

「前例にとらわれず」という部分に注目しよう。直接には「敵基地攻撃能力の保有の否定」、「事費のGDP比1%枠」などを維持している政府にたいして、それを翻すことを求めている。しかし間接には、憲法九条平和主義がまもってきた歯止め、すなわち憲法九条の骨抜きを指している。

政府は有識者との意見交換会をひらき、要旨「新たな国家安全保障戦略等の策定に関する有識者との意見交換」をおこなった（9月1日）。

さらに秋には別の有識者会議を組織し、「国力としての防衛力を総合的に考える有識者会議」報告書をまとめた（11月21日）。後者は「5年以内に防衛力を抜本的に強化しなければならない」という。「抜本的に」というところは、自民党提言の「前例にとらわれない」と共通する。また防衛省が23年度予算でもとめた買い物（①スタンド・オフ防衛能力、②統合ミサイル防空能力、③無人アセット防衛能力、④領域横断作戦能力、⑤指揮統制・情報関連機能、⑥機動展開能力、⑦持続性・強靱性）を丸呑みし、「これらを速やかに実行することが不可欠である」と、そのリストに「正当性」を与えた。

他党は、このうごきにどう反応したか。公明は、中国を名指しにした脅威論に難色をしめし、よりソフトな表現に改めるよう、自民に求めた。しかし基本的な部分では、自衛隊の装備を強化し、敵地攻撃能力をもたせることで合意した（12月2日）。またそれを裏付ける23年度予算にも、もちろん賛成している。

「野党」も似ていた。維新（12月7日「国家安全保障戦略の改定に対する提言書」）は、「将来世代を二度と戦争の惨禍に遭わせないための強固な抑止力を保持することを中心的な目的に据える」ことを主張した。

国民民主（12月7日の党安全保障調査会「安全保障戦略2022」）は、「厳しい安全保障環境を踏まえつつ、「戦争を始めさせない抑止力」の強化と、「自衛のための打撃力（反撃力）」を保持すること」、「不十分であった継戦能力の確保や抗堪性の強化を抜本的に見直して整備する他、防衛技術の進歩、宇宙・サイバー・電磁波などの新たな領域に対処できるよう専守防衛に徹しつつ防衛力を強化するため、必要な防衛費を増額」することを訴えた。

立憲民主の外務・安全保障部門／外交・安全保障戦略プロジェクト・チーム（12月20日「外交・安全保障戦略の方向性」）も、他国からの侵害・侵略を抑止する能力、抑止が破れ国民に多大な犠牲が生じることを避けるための対処力を備えるために、ミサイル防空能力の強化、全領域を統合した作戦能力の強化（宇宙、サイバー、電磁波、認知戦等）、自衛隊の継戦能力強化などを優先することを主張した。また兵器産業支援法案に賛成の立場をとった。

22年末、自民・公明・維新・国民・立憲のあいだで、「これまで以上に軍事力を強化しなければならない」という了解が成立していた。三文書改定をめぐる国会論戦がきわめて低調だったのは、当然のことである。

しかし立憲民主をふくめた野党やメディアまでが改定三文書のロジックに雪崩をうって合流したのはなぜか。「日本を取り巻く安全保障環境の悪化」という反証を拒む呪文の力があるのかもしれない。だとすれば、「我が国を取り巻く安全保障環境の悪化」とは何か、その構造をどう解体するのかという問題を科学的に検討する必要がある（本書第6章を参照）。

### ⑵ アメリカの対中戦略

三文書改定の背後には、米・バイデン政権の対中戦略があった。それは、国家安全保障戦略（22 年 10 月 21 日）と国家防衛戦略（同月 27 日）というかたちで記述された。

それは第一に、中国を「「国際秩序を再構築する意図と、それを実現する経済力、外交力、軍事力、技術力を兼ね備えた唯一の競争相手(the only competitor)」としてとらえる。

第二に、台湾をめぐる軍事的衝突をのぞんではいないが、またそれを否定もしない。「台湾海峡の平和と安定を維持することは、地域と世界の安全保障と繁栄にとって極めて重要であり、国際的な関心事である。我々は、いずれの側からの一方的な現状変更にも反対し、台湾の独立を支持しない。また、台湾の自衛を支援し、台湾に対するいかなる武力や強制にも抵抗する能力を維持するという、台湾関係法に基づく約束を堅持する」(国家安全保障戦略)。22 年 5 月の日米首脳会談のあと、バイデン大統領は、台湾有事が起きたばあい米国が軍事的に関与するかという問いに、「YES。それが我々の約束だ」と踏み込んで答えた。

第三に、中国をおさえこむため、アメリカ単独ではなく、日本をはじめ同盟国やパートナーを動員することが必要になる。「自由で開かれたインド太平洋は、われわれが集団的能力（collective capacity）を構築することによってのみ達成できる」(国家安全保障戦略)。

このような対中戦略が日本の三文書改定に影響したことは、想像に難くない。そもそも今回改定で三文書の名称を変えたのは、アメリカの戦略文書名に平仄をあわせるためだった。

22 年 5 月の日米共同声明によれば、「岸田総理は、ミサイルの脅威に対抗する能力を含め、国家の防衛に必要なあらゆる選択肢を検討する決意を表明した。岸田総理は、日本の防衛力を抜本的に強化し、その裏付けとなる防衛費の相当な増額を確保する決意を表明し、バイデン大統領は、これを強く支持した」。改定について、半年前にバイデン大統領に説明をすませ、支持をとりつけていたのだ（本書第2章を参照）。

バイデン政権の対中戦略には、経済的な側面もある。国家安全保障戦略では、戦略的競争相手が、米国と同盟国の安全保障を損うことのないよう、先端的な軍事技術開発への投資（活力ある軍事産業の重要性）、情報管理、サプライチェーンの確保をもとめている。こういった経済面の対中戦略も、日本の三文書や政策（たとえば重要土地利用規制法や経済安全保障法）に影響を与えている（本書第3章を参照）。

### ⑶　軍需に期待をかける財界

もう一つ、財界のうごきも見逃すことができない。兵器産業の市場規模は3兆円ほどだが、産業全体に占める割合は高くない。しかも日本政府がアメリカ製兵器の「爆買い」をする結果、国内兵器企業の行末は不透明になっている。

そのようななか、兵器企業は、①開発にかかる企業の費用負担とリスクを減らすこと（開発を国が直接・間接に支援すること、大学に軍事研究をおこなわせ開発の外部化をすすめること、原料や部品のサプライチェーンを確保することなど）、また②兵器市場を安定・拡大すること（政府が継続的に安定的に兵器を購入すること、企業の利潤を保証する価格が設定されること、国が兵器輸出を積極的に支援することなど）を、国に求めている。

経団連「防衛計画の大綱に向けた提言」（22年4月12日）は、企業にたいしては情報管理のための努力を、また国にたいしては軍事生産を支援する施策、積極的な輸出支援を求めている。

三文書を策定する過程でひらかれた「新たな国家安全保障戦略等の策定に関する有識者との意見交換」には、三菱重工・日本電気・川崎重工・小松製作所と、主要兵器企業の代表者が出席した。最終報告書には、先端技術開発にたいする国の支援の要求や、軍事産業の整備・強靱化など、政府の支援を求める発言がある。さらに「防衛力の抜本的拡充のため、防衛費の数値目標を設定すべき。GDP比2%・NATO並みを5-10年で達成」、「安全保障技術研究推進制度の予算を次期中期防以降2倍とし、防衛産業への補助と企業の先端技術開発に対して重点的に割り当てるべき」など、大軍拡に期待する声もあった（本書第4章を参照）。

## 3 「戦争をする国」の軍事力

三文書の第一の柱は、敵基地攻撃能力の保有をはじめとして、「戦争をする国」の軍事力をもち、それをじっさいに行使する権限を認めることを、国家目標として掲げたことだ。しかしそのことは日本の軍事化を加速化し、憲法との矛盾はさらに強まるだろう。

### ⑴ これまでの敵基地攻撃否認論

自衛のために敵基地を攻撃することができるのか。56年、政府は「わが国に対して急迫不正の侵害が行われ、その侵害の手段としてわが国土に対し、誘導弾等による攻撃が行われた場合、座して自滅を待つべしというのが憲法の趣旨とするところだというふうには、どうしても考えられないと思うのです。そういう場合には、そのような攻撃を防ぐのに万やむを得ない必要最小限度の措置をとること、たとえば誘導弾等による攻撃を防御するのに、他に手段がないと認められる限り、誘導弾等の基地をたたくことは、法理的には自衛の範囲に含まれ、可能であるというべきものと思います」と答えている（船田中・56年2月29日・衆院内閣委員会）。

また59年には、「「敵基地を爆撃する」ということは、「国連の援助もなし、また日米安全保障条約もないというような、他に全く援助の手段がない、かような場合における憲法上の解釈の設例としてのお話でございまする」「しかしこのような事態は今日においては現実の問題として起こりがたいのでありまして、こういう仮定の事態を想定して、その危険があるからといって平生から他国を攻撃するような、攻撃的な脅威を与えるような兵器を持っているということは、憲法の趣旨とするところではない」と答えた（伊能繁次郎・59年３月19日・衆院内閣委員会）。

56・59年の否認論の特徴は、①法理論（憲法解釈）と政策判断を区別してかんがえる。②予防戦争や先制攻撃は、憲法によって否定される。③自衛権の保有は認められ、自衛のための必要最小限の武力は行使することができる。④誘導弾等による攻撃を防御するのに「他に手段がないと認められる限り」、相手国の基地を攻撃することは、法理的には自衛の範囲に含まれる。⑤しかし国連の援助や日米安保条約があるので、敵基地を攻撃することは現実の問題として起こりがたい。政策として、敵基地攻撃はおこなわない。⑥他国にたいして脅威を与える兵器の保有は、憲法の趣旨に反する、というものだ。

この否認論には、憲法九条平和主義からみて、三つの弱点があった。

第一に、軍事力の保有と行使を否定するものではない。

第二に、必要最小限の実力という条件付きではある、敵基地攻撃を法理的（憲法解釈）に容認する。

第三に、政策として敵基地攻撃を否認しながら、同時に国連（軍の活動？）や日米安保条約の受容をふくめた点である。だから敵基地攻撃の政策的否認は、日米安保条約の政策的受容と、バーターになってしまう。つまり全体として、徹底した平和主義とはいえない。

他方で否認論には、政策レベルだけでなく法理レベルでも、権力行使に重要な縛りをかける力がある。

第一に、先制攻撃や予防戦争など、他国に先に手を出すことをはっきり否定する。

第二に「攻撃的で脅威を与える兵器」は、憲法で認められた必要最小限の自衛を超えている。だから改定で、敵基地攻撃容認論に転じたからといって、脅威を与える兵器をそろえることはできない。

わたしたちは、56･59年否認論にある軍事的側面に注意しつつ、そこにある非軍事主義的側面を積極的に評価して、平和・憲法擁護の運動につなげていくことができるはずだ。

また田中角栄首相は、専守防衛について「相手の基地を攻撃することなく、もっぱらわが国土およびその周辺において防衛を行うということ」（72年10月31日・衆院本会議）と、専守防衛と敵基地攻撃否認をはっきり結びつけている。このことも重要な点である。改定三文書は、「専守防衛の考え方を変更するものではな」い（安保戦略18頁）という。だが72年答弁は、「相手の基地を攻撃すること」は、専守防衛に反すると定義する。とすれば、専守防衛を否定しないかぎり、敵基地攻撃容認論は成り立たないはずだ[1]。

### ⑵　敵基地攻撃容認論への転換

13年に安保戦略が制定されたあとも、敵基地攻撃否認に変更はなかった。安倍・元首相でさえ「スタンドオフミサイルは、我が国の防衛に当たる自衛隊機が相手の脅威の圏外から対処できるようにすることで、隊員の安全を確保しつつ、我が国の安全を確保するものであり、敵基地攻撃を目的とするものではありません。政府としては、新たな

---

1　志位和夫議員の「非常に明瞭です。田中首相は、防衛上の必要からも相手の基地を攻撃することなく、これが専守防衛だと明言しているわけですよ。専守防衛と敵基地攻撃とは両立しないことはこの答弁でも明らかじゃないですか、総理」（衆議院予算委員会、23年1月31日）という発言に、岸田首相は「田中総理の答弁は、我が国の防衛の基本的な方針として、こうした専守防衛の趣旨を説明するとともに、あわせて相手の基地を攻撃することなくと述べているとおり、武力行使の目的を持って武装した部隊を他国の領土、領海、領空へ派遣するいわゆる海外派兵は一般的に憲法上許されない、こうしたことを述べたものであると認識をしております」と答え、敵基地攻撃容認（それが武力行使の目的をもって武装した部隊を他国領土へ派遣するものでなければよい、というもの）への道を開こうとした。

大綱及び中期防のもとでも、いわゆる敵基地攻撃を目的とした装備体系を整備することは考えていません。いわゆる敵基地攻撃については、日米の役割分担の中で米国の打撃力に依存しており、今後とも、こうした日米間の基本的な役割分担を変更することは考えていません」と述べていた（19年5月16日・衆院本会議）。改定三文書は、スタンドオフミサイル（遠隔から発射するミサイル）を敵基地攻撃に使おうとしているが（安保戦略17頁）、それはほんらい敵基地攻撃と関係なく導入されたものだったのだ。

しかし改定三文書は、否認論から容認論へ、判断を180度転換させた。

「相手からミサイルによる攻撃がなされた場合、ミサイル防衛網により飛来するミサイルを防ぎつつ相手からの更なる武力攻撃を防ぐために、わが国から有効な反撃を相手に加える能力、すなわち反撃能力を保有する必要がある」。この能力をもつことで「武力攻撃そのものを抑止する。その上で、万一、相手からミサイルが発射される際にも、ミサイル防衛網により、飛来するミサイルを防ぎつつ、反撃能力により相手からの更なる武力攻撃を防ぎ、国民の命と平和な暮らしを守っていく」（安保戦略18頁）。

しかし、これまで政策判断として保有しなかったが、政策判断をかえて保有することにしたという説明は、説得力を欠く。

国連や安保条約が存在するなら、「敵基地攻撃の他に自衛の手段がない」とはいえない。だから敵基地攻撃はしないというのは、59年否認論の基本ロジックだ。しかし22年でも国連や安保条約は存在する。であれば、判断変更に合理性があるとはいえない。これが第一の問題だ。

第二に、19年の安倍答弁は、日本をとりまく環境を前提にして、従来の政策判断を維持している。その判断を、22年は変更した。では19年から22年のあいだに、判断を変更させる状況変化があったのか。

「中国や北朝鮮の軍事的脅威」というものがかりにあるとしても、それは19年より以前から存在していたのではないか、それが存在する19年に判断を変更しなかったのに、同じ条件下の22年に判断を変更するのは、19年と22年のいずれかの判断が間違っているということだ。政府はみずからつくった判断枠組を、みずから壊している。

第三に、「敵基地攻撃能力を保有しない」という選択は、60年以上も権力を拘束してきた。その結果、否認論はたんなる政策判断ではなく、規範となったのではないか。したがってそれを変更することは不可能か、あるいは法の変更に準じるものとして、相当の民主的手続を踏まなければならなかったはずである。

そうじて「従来の政府解釈を踏襲したうえで、敵基地攻撃は容認する」という政府説明は破綻している。政策判断だからといって、合理性も根拠もない恣意的なものであってよいはずがない。

### ⑶　敵基地攻撃容認論の危険性

敵基地攻撃容認論は、軍事的にきわめて危険だ。第一に、その能力を持つことを公言することで、東アジアの軍事的バランスがこわれたり、緊張がつよまる危険がある。

第二に敵基地攻撃は「事実上の」先制攻撃になるおそれがある。政府説明によれば、相手国が攻撃に着手することが敵地攻撃の要件である。だがそれは法律にも三文書にも書かれていない。しかも相手国の攻撃着手とは、ミサイルが発射されたときなのか、より早い段階（ミサイルが地上に屹立したとき、点火したときなど）なのか、はっきりしない。いつ敵基地攻撃をできるかという基準は流動的で、アドホック（その場その場）な判断になる。もし判断と実行が早すぎれば先制攻撃となり、憲法九条に違反する（そのことは日本政府も認めている）[2]。

2　浜田防衛大臣は「政府は従来から、どの時点で武力攻撃の着手があったと見るべきかについては、その時点の国際情勢、攻撃国の明示された意図、攻撃の手段、態様等によるものであり、個別具体的な状況に即して判断すべきものと考えてきております。このため、我が国がミサイ第三に、敵「基地」攻撃といってきたが（56年否認論では「誘導弾等の基地」、59年否認論では「敵基地を爆撃」）、改定三文書は「相手の領域において」「有効な反撃を加える」反撃能力といっている。その攻撃対象は、基地に限らず、軍事施設全般、指揮命令をおこなう相手国の政府機関まで対象となる。さらに基地周辺の住宅や民間施設も、副次的な被害を免れない。敵基地攻撃という言葉遣いをやめたのは、基地以外の地域を攻撃する可能性を残すためかもしれない。

第四に、敵基地攻撃論は、日本が敵基地攻撃能力をもつことで、相手国が次の「攻撃を断念する」ことを期待している。しかし断念せず、第二波・三波と攻撃をくりかえすかもしれない。もともと日本の反撃を覚悟で先制攻撃に踏み込んだ国相手に、「日本が反撃したら攻撃を断念するだろう」という抑止論をあてはめることはできない。

そうすると、日本と相手国はミサイルを撃ち尽くすまで、あるいはどちらかがねをあげるまで攻撃を続けることになりかねない。たとえば中国のような軍事大国を相手に、チキンレースを続けられるだろうか。かりに続けたとして、「国と国民を守る」ことになるのだろうか。

第五に22年の敵基地攻撃は、56・59年の敵基地攻撃とは異なり、いっそう攻撃的なものとなっている。かりに例外的なばあいに敵基地攻撃が容認されるとしても、その要件は、56・59年否認論よりも厳格なものにしなければならない。なぜなら現在の敵基地攻撃は、14年の閣議決定が「正当化」した集団的自衛権の行使と一体化しているからだ（安保戦略18頁「（敵基地攻撃は）2015年の平和安全法制に際して示された武力行使の三要件[3]の下で行われる自衛の措置にもそのまま当て

---

ル攻撃を受ける場合に、攻撃国のいかなる活動がミサイル攻撃の着手と判断されるかについても、今申し上げた考え方に沿って、個別具体的な状況に即して判断するものであり、一概にお答えすることは困難だと思います」と、明確で一義的な基準が存在しないことをみとめている（衆議院予算委員会、23年2月3日）。

3　集団的自衛権行使としての武力行使を正当化する（新）三要件とは、①「我が国に対する武力攻撃が発生した場合のみならず、我が国と密接な関係にある他国に対する武力攻撃が発生し、

はまるものであり、今般保有することとする能力は、この考え方の下で上記三要件を満たす場合に行使し得るものである」)。

だから米中間で軍事衝突が生じ、米艦が攻撃されたとき、それが存立危機事態（日本の存立が脅かされる事態）に該当するなら、（日本が攻撃対象となっていないとしても）集団的自衛権として武力を行使することができる。集団的自衛権としての敵基地攻撃をおこなうよう、アメリカから要求される危険性がある。

### ⑷ 南西諸島における日米共同軍事行動

三文書では「防衛力の抜本的強化に当たって重視する能力」として、①スタンド・オフ防衛能力（侵攻してくる艦艇や上陸部隊等に対して脅威圏の外から対処する能力）、②統合防空ミサイル防衛能力（ミサイル防衛システム、相手国領域における反撃能力）、③無人アセット防衛能力、④領域横断作戦能力（宇宙・サイバー・電磁波を含む領域横断作戦）、⑤指揮統制・情報関連機能、⑥機動展開能力・国民保護（島嶼部における侵害排除のための、必要な部隊を迅速に機動展開させる能力、国民保護）、⑦持続性・強靭性（弾薬製造態勢の強化、自衛隊員の安全を確保する司令部等の地下化）をあげた。またそれぞれについて、開発・購入する兵器は、整備計画の中で具体的に示される。

①②については、前述「敵基地攻撃論」との関連で危険性を述べた。また主として⑥⑦にかかわって、南西諸島島嶼戦争計画（日米共同作戦計画）がすでにつくられている。

報道によれば、台湾有事の緊迫度が高まった初動段階（重要影響事態）に、米海兵隊は自衛隊の支援を受け、南西諸島の自衛隊基地などに、臨時の攻撃用軍事拠点を置くこと、拠点には、対艦攻撃ができる

---

これにより我が国の存立が脅かされ、国民の生命、自由及び幸福追求の権利が根底から覆される明白な危険がある場合」において、②「これを排除し、我が国の存立を全うし、国民を守るために他に適当な手段がないときに」、③「必要最小限度の実力を行使すること」とされる（2014年7月1日・閣議決定）。

海兵隊のロケット砲システムのハイマースを配備すること、自衛隊は輸送や弾薬の提供、燃料支援など後方支援をおこなうこと、周辺を航行する中国艦艇の排除にあたること、部隊の小規模・分散展開を中心とする「遠征前方基地作戦」（EABO）にもとづいて共同作戦計画を展開すること、などが規定されている。

整備計画は⑥に対応して、輸送アセットの取得（輸送船舶、輸送機、空中給油機など）、揚陸や輸送のための器財の準備などを規定する（整備計画８頁）。24年度概算要求には、30機の輸送ヘリ導入が盛り込まれている。しかしそのような措置を講じても、南西諸島が戦場化した場合、住民が捨てられ（棄民化）、さらに移動能力に限界のある自衛隊員に犠牲がでることは避けられない。

国防戦略は⑦との関係で「有事においても容易に作戦能力を喪失しないよう、主要司令部等の地下化や構造強化」（同21頁）をすすめるという。これらの一部は、すでに実施されている。つまり島嶼戦争の準備は、着々と進行しているのだ。

なお改定三文書では、敵基地攻撃や島嶼戦争のほか、海上保安庁の海軍化、サイバー安保、宇宙戦争、米国以外の国との軍事同盟化といった軍事主義的な戦略が記載されている。それらについては１⑵で述べたので、ここでは省略する。

## ４「戦争をする国」の社会

三文書の第二の柱は、財源を確保して、大軍拡を実行することである。しかしそれを実行すれば、教育を受ける権利、生存権、平和的生存権などを犠牲にせざるをえない。また社会全体を軍事に動員するため、国民のイデオロギー統制や、自治体の自治権の制約も必要になる。改定三文書は、その点についてどう記述しているだろうか。

### ⑴ 大軍拡と社会全体の貧困化

76年11月5日、三木内閣は「防衛力整備の実施にあたっては、当面、各年度の防衛関係経費の総額が当該年度の国民総生産の100分の1に相当する額を超えないことをめどとしてこれを行うものとする」という、「防衛予算のGNP 1% 枠」を決定した。

これは軍事費の増加に上限を設けるために（すなわち憲法とおりあいをつけるため）、政府がみずから設けた枠で、国家権力を拘束するルールとして、半世紀にわたり維持されてきた。その意味で、専守防衛や敵基地攻撃否認と同様に、たんなる政策的判断ではなく、法規範化している。客観的な理由や十分な説明もなしに、政府じしんが廃棄することはできない。

しかし改定三文書は、大軍拡を宣言する。すなわち「自衛隊の体制整備や防衛に関する施策は、かつてない規模と内容を伴うものである。また、防衛力の抜本的強化は、一時的な支出では対応できず、一定の支出水準を保つ必要がある」、「財源についてしっかりした措置を講じ、これを安定的に確保していく」、「このように必要とされる防衛力の内容を積み上げた上で、同盟国・同志国等との連携を踏まえ、国際比較のための指標も考慮し、我が国自身の判断として、2027年度において、防衛力の抜本的強化とそれを補完する取組をあわせ、そのための予算水準が現在の国内総生産（GDP）の2% に達するよう、所要の措置を講ずる」というものだ（安保戦略19頁)。金額ベースでは、「2023年度から2027年度までの5年間における本計画の実施に必要な防衛力整備の水準に係る金額は43兆円程度とする」(整備計画30頁)。

それでは5年間で倍増という戦時国家なみの大軍拡は、どうやって実現するのだろう。

まず歳出を極端に切り詰めなければならない。しかしそれは「健康で文化的な最低限度の生活を営む権利」(25条1項）を裏付ける社会保障予算や、「能力に応じて等しく教育を受ける権利」（26条1項）および「義務教育は、これを無償とする」（26条2項）に必要な教育予算などの削減につながる。それはまた社会全体の貧困化をまねく。つまり現代福祉国家憲法にてらして、違憲の歳出になる。

23年度は国立病院積立金の取り崩しで一部補填した。だがこの積立金は病院施設改修の財源で、いま取り崩せば、医療を受ける権利（25条）の形骸化として跳ね返ってくる。安保戦略は、「感染症危機の初期段階から、国内における確実な医療の提供や、医薬品を含む感染症対策物資を確保できるようにし」とパンデミック対策にふれるが（安保戦略29頁）、あきらかに矛盾することをやっている。こういった点でも、改定三文書は「国民の安全を犠牲にした国家の安全」を追求している（本章1⑴）。

歳入面はどうか。軍事が憲法上の根拠をもたない（したがって軍事目的の政治に公共性があるとはいえない）日本において、軍拡をまかなう軍事目的税は法的正当性をもたない。違憲の法律をつかった課税を禁じる租税法律主義（30条）にも反するだろう。

政府税調は、24年度以降の増税を検討している。しかし長年の新自由主義政治で疲弊した国民に、新しい軍事増税を負担する余裕はない。さらに消費税増税の議論もある。しかし、租税は能力に応じて平等に負担されなければならないという応能負担の原則＝税負担の実質的平等原則（14条）からすれば、逆累進性の強い消費税率を引き上げることには、憲法上の疑義がある（本書第5章を参照）。

いずれにしても改定三文書のもくろむ大軍拡は、国民の権利や生活を犠牲にし、社会全体を貧困化することによってはじめて成立するのだ。

### ⑵　敵基地攻撃と平和的生存権

憲法の前文第二段落は「われらは、全世界の国民が、ひとしく恐怖と欠乏から免かれ、平和のうちに生存する権利を有することを確認する」と規定する。平和的生存権といわれる。ではこの人権は、どのような内容をもつのか。

ちょうど50年前の長沼ナイキミサイル基地訴訟・第一審判決（札幌地裁、1973年9月7日）は、平和的生存権の侵害が争われたものであり、また裁判の中でそれをはじめてみとめたものだ。自衛隊のミサイル基地は有事の際に相手国の攻撃の第一目標となり、また住民の平和的生存権が侵害される危険があると判示した。いま敵基地攻撃のため、日本各地にスタンドオフミサイルなどが置かれ、南西諸島の住民は米中軍事衝突の最前線におかれようとしている。長沼ナイキミサイル基地の周辺住民と同様に、平和的生存権を侵害される。

自衛隊イラク派遣訴訟・控訴審判決（名古屋高裁、2008年4月17日）は、平和的生存権が、他のすべての人権の享有を可能にさせる「基底的権利」であることを認めた。敵基地攻撃のためのミサイル基地を建設することで住民は、他国からの軍事攻撃にさらされるだけでなく、生命権（13条）をはじめとしたすべての人権の享有が不可能になってしまうだろう。

またこの権利の享有主体（持ち主）について、前文は「全世界の国民」（all peoples）としている。平和的生存権は、性質上、国内に居住したり、国籍をもつ者だけにかぎってみとめることは適当ではなく、国境や国籍をまたいで保障する必要がある。

とすれば、日本からの敵基地攻撃によって被害を受ける相手国の住民も、平和的生存権を侵害されたといえる。そのような攻撃は日本政府のおこなう人権侵害の行為であり、違憲とされ、無効となる。改定三文書を作成した人は、日本が発射したミサイルによって生命や家族や財産を奪われる（すなわち平和的生存権を蹂躙される）他国の人々のことに、思いをはせたことがあるだろうか。

### ⑶　戦争をするための国民動員―イデオロギー統制と自治の否定

「戦争をする国」であるためには、戦争とその準備に反対する議論をおさえこみ、さらに「国民が我が国の安全保障政策に自発的かつ主体的に参加できる環境」（安保戦略５頁」）を整える必要がある。

改定三文書はこう書く。「平素から国民や地方公共団体・企業を含む政府内外の組織が安全保障に対する理解と協力を深めるための取組を行う。また諸外国やその国民に対する敬意を表し、我が国と郷土を愛する心を養う。そして、自衛官、海上保安官、警察官など我が国の平和と安全のために危険を顧みず職務に従事する者の活動が社会で適切に評価されるような取組を一層進める。さらに、これらの者の活動の基盤となる安全保障関連施設周辺の住民との協力を確保するための施策にも取り組む。／また、領土・主権に関する問題、国民保護やサイバー攻撃等の官民にまたがる問題、自衛隊、在日米軍等の活動の現状などへの理解を広げる取組を強化する」（安保戦略30頁）。

さまざまのことが雑然と並べられて、読みづらい。それでもここで三つのことが読み取れる。第一に、国民の心のなかに、国家が乗り込んでこようとしている。第二に、平和的な地方政治を否定しようとする。第三に、自衛隊員の社会的評価を引き上げたり、労働条件を改善したりすることで、自衛隊員の補充をはかろうとしている。

まず政府は、国民の心のなかに乗り込んでこようとしている。すなわち国民を対象に、①国の軍事政策に理解・協力するような取組をおこなうこと、②我が国と郷土を愛する心を養うこと、③自衛官などの活動が社会で適切に評価されるような取組を進めること、④安全保障関連施設の周辺住民との協力を確保する施策に取り組むこと、⑤とりわけ国家主権、国民保護やサイバー攻撃などの問題、自衛隊や米軍の活動への理解を拡げることを重視する、といったことである。

国家が国民の内心を操作し、特定の思想を受容させることを目的に、圧倒的な物量と権力をつかおうとしている。これは国民にむけた情報提供やキャンペーンと同一視することはできない。戦争宣伝はとくべつで、国際人権規約（B 規約）20 条 1 項は、戦争のためのいかなる宣伝も禁止しているからだ。したがって憲法 19 条「思想及び良心の自由は、これを侵してはならない」の趣旨に反する。

わたしたちが平和主義に忠実であろうとすれば、日本政府のおこなおうとする軍事主義的イデオロギー統制（平和主義的な言論の抑圧、軍事主義的な言論の拡散）にも対抗しなければならない。そしてそのためには、軍事主義に対抗する平和主義の言論を流通させる必要がある。学校教育・社会教育・宗教・学術・メディアなどの場と、それら施設・団体の従業員・利用者・その他の関係者の自立、すなわち、思想良心の自由（19 条）、信教の自由（20 条）、言論・集会・報道の自由（21 条）、学問・教育の自由（23・26 条）を守ることがきわめて重要になっている。

つぎに政府は、平和主義的な地方政治をおさえこもうとしている。国家は、「有事の際の対応も見据えた空港・港湾の平素からの利活用に関するルール作りを行」（安保戦略 25 頁）おうとする。港湾・空港等の管理権をもつ自治体の法的抵抗（その一例は、沖縄県・沖縄県民の倦むことない反基地運動だ）を否定しようとしている。それは自治体の施設管理権（94 条「地方公共団体は、その財産を管理し、事務を処理し、及び行政を執行する権能を有し、…」）の侵害にあたる。

また自衛隊員の社会的評価を引き上げたり、労働条件を改善したりすることがうたわれる。そこには「ハラスメントを一切許容しない組織環境」「家庭との両立を支援する制度の整備・普及」など（整備計画 26 頁）、隊員の人権保障を意味し、改定三文書とは無関係に実現するべきものがある。他方、自衛隊員の充足率の向上や、戦傷医療対処能力の向上（整備計画 28 頁）など軍事目的のために書かれたものもある。

## 5　改定三文書と憲法の危機

### ⑴　実質改憲としての改定三文書

敵基地攻撃能力保有や島嶼戦遂行などは、憲法九条平和主義の枠から逸脱している。改定三文書は憲法を空洞化する実質改憲の文書なのだ。また改定三文書を具体化する法律、予算、法律の委任をうけた政令も、違憲立法、違憲予算、違憲政令であり、憲法のもとで無効とされるべきだ（98条「この憲法は、国の最高法規であつて、その条規に反する法律、命令、詔勅及び国務に関するその他の行為の全部又は一部は、その効力を有しない」）。

しかしそれを政治の立場でじっさいに無効とするには、選挙や裁判、発言や集会など、わたしたちの具体的な努力が必要だ。憲法12条も「この憲法が国民に保障する自由及び権利は、国民の不断の努力によって、これを保持しなければならない」と、不断の努力に言及する。

もちろん、徹底した憲法九条平和主義のたちばから、改定三文書を批判できる。しかし同時に、少し曖昧な平和主義的議論もある。「総合安全保障構想」は日米安保体制を前提としており、軍事主義的側面があった。しかし国民の安全を守らなければならないという問題意識もあった。

おなじことは専守防衛論にもあてはまる。専守防衛論は、自衛のための軍事力の保有と行使を否定しない。その意味で軍事主義的な面がある。しかし72年の田中答弁であきらかなように、専守防衛論は敵基地攻撃を否認してきた。専守防衛論には、そういう平和主義的側面がある。すくなくとも国民はそううけとめ、専守防衛論を支持してきた。だから岸田首相はあわてて、「専守防衛論は敵基地攻撃を容認している」と言いつくろおうとした。

わたしたちは、徹底した憲法九条平和主義の立場からはもちろんだが、総合安全保障構想や専守防衛論の立場からも、敵基地攻撃容認論を批判することができる。うらをかえせば、改定三文書はそれくらい軍事主義的なものなのだ。

### ⑵ 改定三文書に続く明文改憲

せっかく三文書を改定しても、それを違憲無効とする議論がある。だから明文改憲の主張がでてくる。岸田首相が任期中の改憲に固執するのも、改定三文書を実行化するうえで、現行憲法の規定が障害になることを知っているからだ。

このような課題を負った明文改憲は、①個別的自衛権および集団的自衛権としての敵基地攻撃、②軍事目的での自由・権利の停止、③軍事目的での自治権の停止、などにたいする違憲論を払拭するものでなければならない。だから①との関係では、個別的・集団的自衛権の行使を正当化する規定、②③との関係で、軍事に公共性を付与し、それを理由にして権利や自治権を「停止」する（それは程度と範囲において、通常の「制限」を凌駕する）規定が求められる。

自民党の「4項目改憲」は、9条改憲（9条の二の創設）によって自衛隊をおき、その任務・権限として「自衛の措置」を明記するというものだ[4]。これらは①②③の課題に対応する。「憲法に自衛隊を明記しても、いまとなにもかわらない」という議論がある[5]。それは九条改憲の狙いと危険を隠すためのフェイクだ。

なお②軍事目的での自由・権利の停止、③軍事目的での自治権の停止は、どちらも九条改憲によるだけでない。緊急事態条項創設改憲（私権および自治権停止条項）によってもある程度の対処が可能なものだ。

緊急事態条項創設改憲の焦点は、緊急時における（明文によって、あ

---

4　自民党「条文イメージ・たたき台素案」（18年3月26日）によれば、「現行の9条1項・2項およびその解釈を維持した上で、「自衛隊」を明記するとともに、「自衛の措置（自衛権）」についても言及すべき」という意見が大勢を占めたという。

5　自民党『マンガでよく分かる―憲法のおはなし―自衛隊明記ってなあに』（25頁）には、登場人物たちが「お母さん、自衛隊を明記したら、何か変わるの？何か生活に影響はでてくるの？」「私たちの生活は特に変わらないよ」と会話をする場面がある。

るいは解釈によって、「緊急事態」のなかに、「軍事紛争」や「戦争」がふくまれることになるだろう）国会議員任期延長・選挙延期条項に絞られつつある。私権や自治権の停止を明記する改憲構想にたいしては、国民の反発がつよいとみたのだろう。しかしもともと、自民党「憲法改正草案」（とくに99条１項・３項）や「４項目改憲」（とくに73条の二）では、緊急時に、政府の判断で国民の権利や自治体の自治権を停止させる規定を設ける案があった。維新・国民民主・有志の会の２党１会派による「緊急事態条項の創設に関する３党派合意書」（22年５月30日）でも、「国会機能が維持できない場合に備えた緊急政令および緊急財政処分に係る規定についても、論点を整理し、条文案の作成に向けて、引き続き、検討を進める」と、私権停止条項の創設にふくみをのこした。

したがって９条改憲による国家の軍事化とならび、緊急事態条項の創設による国家と社会の軍事化という道筋にたいしても、警戒を怠ってはならない。

# 第2章

# インド・太平洋地域における安全保障と経済秩序

小山大介

## はじめに

2022年2月24日に始まったロシアによるウクライナ侵攻は、全世界に衝撃を与えた。ロシアは、2014年2月に同じくウクライナが領有していたクリミア半島を武力によって併合しているが、戦火がウクライナだけでなく、ロシア本土に及び、米中、欧州そしてその周辺国を巻き込みながら危機が拡大し続けている点で、すでに総力戦の様相を呈している。また、近年では、南シナ海、東シナ海、台湾をめぐる中国の動きが活発化しており、現状を変更しようとする動きから、アメリカとの対立関係が極限にまで深まっている。2023年9月現在も続く、この紛争は、日本を取り巻く安全保障環境を一変させ、政府は、新たな国防三文書（「国家安全保障戦略」、「国家防衛戦略」、「防衛力整備計画」）を作成している。

このうち「国家安全保障戦略」では、「アジア・太平洋地域においては歴史的なパワーバランスの変化が生じている」として、日本を防衛するための抜本的な防衛力の強化だけでなく、国家安全保障の対象を経済安全保障や食料安全保障などの非軍事面にまで拡大する事態となっている（国家安全保障戦略4頁）。これら国防三文書の内容は、「平時」というよりも「有事」の色彩が強く、国と地方自治体との関係、民間企業、個人との協力関係にまで踏み込む内容となっている。そこでは、世界経済情勢やアジア・太平洋地域[1]における安全保障環境の変容が強調されている。

確かに、アメリカ、中国との外交・通商関係、安全保障をめぐる対立、南シナ海、東シナ海における主導権争い、台湾問題など、第二次世界大戦後、国際社会のなかで曖昧な状態となっていた諸問題を「力」で解決しようとする動きが高まっている。そして、日本はアメリカ、中国との狭間で葛藤を続けている。だが、インド・太平洋地域における安全保障環境の変容は、突如として発生している訳ではないし、単なる政治的な対立によって生じている訳でもない。長期間にわたる各国間・地域間での経済的な構造変化のなかで醸成されてきた問題であり、そこには常に大国の影と経済のグローバル化が存在している。

本章の課題は、国防三文書改定の背景にある、インド・太平洋地域における安全保障環境と経済秩序の変化を世界経済情勢から読み解くことにある。そこには、「超大国アメリカ」が常に重要なキーマンとして登場しており、経済面、そして政治面におけるグローバル化の長期にわたる進展が大きく関わっている。そして本章で強調したいことは、安全保障を含めた政治的な対立は、多くの場合、経済的な問題に起因しているということ、日本はもとより、韓国、インド、そしてASEAN（東南アジア諸国連合）など、すべての関係国を巻き込みながら、それぞれが独自の動きを見せ、状況を複雑化している、という点である。

## 1　世界経済情勢の変容とインド・太平洋地域

### (1)　不安定化するインド・太平洋地域

アメリカ西海岸から日本、そして台湾海峡を経て、南シナ海、シンガポールのマラッカ海峡からインド洋、さらに中東、アデン湾へと至

1　ここでの「地域」とは、「東アジア」、「東南アジア」、「太平洋」など複数の国と地域にまたがる広域的な空間を指しており、国内における基礎自治体や集落、地区単位での「地域社会」や「地域経済」を指していない。

るインド・太平洋域における関係国間の緊張が高まっている[2]。この地域には、アメリカはもちろんのこと、中国、インド、サウジアラビア、イランなど地域の大国がひしめき、日本、韓国も東アジアから太平洋地域における主要国として、一定の影響力を有している。

これらの地域（航路）は、世界経済（グローバル経済）において極めて重要な位置を占めており、スエズ運河を経て欧州へと至るほぼ唯一のルートであるだけでなく、アメリカ、中国、日本、韓国といった主要な貿易立国が並んでおり、アジア地域のみに注目しても、全世界貿易の４割以上を担っている[3]。しかし、本来「平和な海」であるはずの地域が主要国間の対立関係に揺れ、不安定化している。それは、北方領土問題、尖閣諸島問題、竹島の領有をめぐる問題、台湾問題など、第二次世界大戦後、2023年現在に至るまで、解決することができなかった領土問題だけではなく、新たな領土問題や地域における覇権争い、海洋資源をめぐる対立関係などにも及んでいる。

近年特に、事態の緊迫化が見られる問題は、米中における経済的・政治的対立関係、尖閣諸島をめぐる日中間の係争、台湾海峡問題、南シナ海の領有をめぐる問題、中国とインドにおける主導権争いなどが発端となっている。また、太平洋地域においては、中国の海洋進出が本格化した2010年代から、アメリカだけでなく、オーストラリアと関係も悪化している。中国は、太平洋の島嶼国との関係を強化しており、従来当該地域における影響力を維持してきたアメリカ、イギリス、オーストラリア、日本などとの関係が悪化している。これらの対立関係は、インド・アジア・太平洋地域における各国間の経済関係の成熟化と同時進行で発生しており、AEC（ASEAN共同体）、RCEP（地域的

2　この航路は、日本にとって確保しておかなければならない重要な通商航路（シーレーン）として位置づけられている。

3　統計データは、UNCTAD（国連貿易開発会議）の2021年データを利用しており、アジア地域には、東アジア、東南アジア、西アジアの国々にくわえ、中東諸国が含まれる。

な包括的経済連携協定)、APEC(アジア太平洋経済協力)などによる地域経済統合が進むなかにあって、いわば対照的な現象ともいえ、グローバル化が進むなかで発生している点は、現代的な課題であるといえる。そのため、この根本的な原因は何か明らかにする必要がある。

### ⑵ 「地球は丸い」—連動する世界経済情勢

「地球は丸く」、世界経済情勢の変化が、遠く離れた地域における国家間関係や地域情勢に大きな変化が及ぶことは、しばしばある。その理由は、主として3つ存在している。それは、①地域の力学を変更させる力を持つ主要国は、国土、人口、経済力、軍事力、技術力、文化的影響力などにおいて世界有数の力を有している点である。例えば、アメリカは世界最大の経済力と3億人以上の人口を持ち、なおかつ太平洋と大西洋に面しているという地理的特徴を持っている。また、中国は東アジアから中央アジアへと広がる広大な領土を持ち、14億人以上の人口と、世界第2位の経済力を有している。日本は、世界第3位の経済力と1億2000万人以上の人口、アジアと太平洋を結ぶ通商路の中間に位置している。また、欧州に目を向けてみれば、経済的にも政治的にも統合が進むEUは、加盟国27ヵ国を合計すると、4億4000万人以上の人口を有し、加盟国は先進国として位置づけられており、地域内において強力な農業基盤や産業基盤を有している。くわえて、ロシアは欧州からアジアへと至る広大な領土を有しており、石油や天然ガス、小麦などの天然資源や食料、肥料原料を世界へと供給しているという顔を持つだけでなく、経済力に比して強大な軍事力や核兵器を保有している軍事大国である。これら少数の主要国にくわえ、トルコ、イスラエル、インド、インドネシア、オーストラリア、韓国、ブラジル、南アフリカなど主要国が地域内で影響力を行使するという世界経済構造となっているのである(地理的要因)。

②国際関係や外交においても、これらの主要国が国際機関や国際会

議の場で大きな発言力を持っているため、特定の地域における問題であっても、それが世界経済全体の問題として取り扱われるということ(外交的要因)。

③そして、これら主要国はグローバルな貿易・投資を牽引する通商面での「キーマン」でもある。財・サービス貿易の輸出国であったり、輸入国、対外直接投資国であったり、巨額の売上高を計上し、グローバルに事業を展開し、国民生活に浸透している財やサービスを提供する巨大多国籍企業の本社が多く立地しており、世界経済を文字通り「支配」している中心的存在なのである（通商的要因)。

つまり、2022年2月に勃発したロシアによるウクライナ侵攻の当事者は、もちろんロシアとウクライナということになるが、アメリカ、EU、そして日本、韓国などはウクライナ側に立って多額の資金や物資を支援している。これに対して、中国はロシアと友好関係にあり、そしてインドは中立的な立場をとりつつ、自国の国益を最優先する行動をとっている。これらの主要国の勢力図は、インド・太平洋地域においても何ら変わらない。それは、中東、アフリカでも同様である。「地球が丸く」世界経済における大国が少数に限られていることから、インド・太平洋地域における不安定化や世界経済情勢の緊迫化は、すべて一体的な事象として捉える必要がある。

### ⑶　揺らぐ日本の「平和」

もちろん、日本は世界経済構造や安全保障環境の変化の中心にあり、それが国防三文書の内容にもなって表れている。日本に住んでいると、他国での混乱が嘘のような「平和」が享受されており、訪日外国人観光客の急増や市場にあふれる輸入品の存在は、世界経済の不安定化を忘れさせる。しかし、世界経済の不安定化は、2010年代から目に見える形で進行しており、そこに日本は直接的にも間接的にも巻き込まれている。日本の対外関係はすでに「平時」から「有事」へと変容しているといえる[4]。また、2020年から3年間続いたコロナ禍では、「ロック・ダウン」をはじめとした行動制限や市民の移動自粛要請が各国で実施され、国民の権利が一部、制限される事態が発生した。これらは、久しく忘れられていた国民国家による公権力の行使を思い起こされるものであり、国民国家としての機能が際立った瞬間であった。国家は公権力によって人権も制限できるのである。

さて、日本の国際的な外交・通商、安全保障関係は、アメリカを基盤として成立しており、その根幹をなすのが日米安全保障条約である。日本は、国際協調や多国間関係を重視しているとはいえ、この日米安全保障条約を中核とした日米関係がある以上、アメリカの外交・通商、安全保障政策からの政策的影響を受けることはいうまでもない。そのため、米中間の対立や台湾海峡問題、東シナ海、南シナ海、太平洋地域における情勢の不安定化は、日米関係を変容させるとともに、日本の安全保障環境を否応なく圧迫するものとなっている。つまり、現在の日米関係のなかでは、日本が独自の視点で外交や通商政策を進めることは難しく、それが国民生活や企業の国内外事業にも影響を与えている。その点では、日本の「平和」はすでに揺らいでいるか、崩壊していると考えることができる。

## 2　世界経済秩序の「ゆらぎ」とその背景―経済のグローバル化

### ⑴　現代世界経済秩序の構築―西側主導の通商関係

では、この世界経済の「ゆらぎ」を作った根本原因は、一体何なのであろうか。それを読み解くには、現代の世界経済秩序がどのように構築されているのか読み解く必要がある。

**図表2－1**は、第二次世界大戦後の世界秩序の変容をまとめたもので

4　小山大介・森本壮亮編著『変容する日本経済：真に豊かな経済・社会への課題と展望』、鉱脈社（2022年）、26-29頁。

あり、その時代における特徴を主要国間関係、経済関係、社会状況から見たものである。まず、現代の世界経済秩序は、第二次世界大戦中に、アメリカのブレトン・ウッズにて合意されたIMF・GATT体制の基盤のもとに成立している。この体制は、第二次世界大戦後の世界経済を、アメリカを中心として包摂するために構築されており、基軸通貨をアメリカ「ドル」とし、主要国間における貿易や投資を拡大することによって、経済発展と経済的相互依存関係を創り上げることを目的としていた[5]。もちろん、日本もこの経済枠組みのなかに組み込まれ、完全に国際社会へと復帰するのは、1960年代のことであった[6]。だが当時、世界は冷戦構造にあり、IMF・GATT体制は、西側資本主義陣営における通商枠組みとして成立しており、ソ連を中心とした東側には、コメコン（COMECON：総合経済援助会議）と呼ばれる枠組みが存在し、ソ連と東欧諸国を中心とした計画経済のもとでの生産体制や物資供給に関する分業体制が構築されていた。東西両陣営ともに、この通商関係の対をなす安全保障体制を整備しており、それが西側のNATO（北大西洋条約機構）、日米安全保障条約、東側のワルシャワ条約機構（友好協力相互援助条約機構）である。

この体制の下で冷戦が継続し、米ソ両陣営ともに主導権争いに明け暮れることになるが、1970年代になると、米ソともに経済的に疲弊し、冷戦構造に「ゆらぎ」が生じることになるとともに、先進国では高度経済成長期が終わり、アメリカの世界経済における相対的地位が低下することになる。その時、台頭したのは、日本や西ドイツなどであり、日米貿易摩擦に代表される通商的な対立が先鋭化することになる。しかし、1970年代以降もIMF・GATT体制を基盤とした通商枠組みは拡大を続け、韓国、台湾、香港、シンガポールなどのNIEs（新興工業

5　とはいえ、アメリカ企業の世界各国における利益獲得を最大化するための機構としても機能していた。

6　岡田知弘・岩佐和幸編著『入門　現代日本の経済政策』、法律文化社（2016年）、215-216頁。

図表２－１　長期的視点から見た世界経済の

| | 1945 年～1960 年代 | 1970 年代～1980 年代 | 1990 年代～2000 年代 |
|---|---|---|---|
| 世界経済の特徴 | 国際関係の再構築、東西冷戦構造 | 国際化の時代、資本主義の領域的拡大 | 冷戦体制の崩壊、グローバル化、IT 革命 |
| 大国の状況 | 超大国アメリカの登場、ソ連との二極化 | アメリカの相対的地位の低下、西ドイツ、日本の台頭 | 超大国アメリカの復活、新興国の台頭 |
| 主要国間関係 | 国民国家を中心とした貿易の拡大 | 西側先進国による貿易・投資の拡大 | 新興国・発展途上国との貿易・投資の拡大 |
| 世界経済秩序 | IMF・GATT 体制、COMECON | IMF・GATT 体制の再構築、冷戦体制の雪解け | 国際協調、WTO 体制、EU の形成、多極化へ |
| 経済関係 | 国民経済中心、高度経済成長期、東側では計画経済 | 多国籍企業の台頭、低成長時代 | 先進国多国籍企業による海外事業展開、国際分業の深化 |
| 社会的状況 | 社会保障体制の充実 | 新自由主義的政策へ | グローバルな自由化・規制緩和の進行、移民拡大 |

経済地域）の発展、東南アジアにおける経済成長、中国による改革開放政策（1979 年）、ベトナムのドイモイ（1986 年）などによって、アジア地域は西側資本主義体制に包摂されていくことになる。1980 年代後半以降、日本においても経済グローバル化が進むことになった[7]。しかし、それが現代世界経済の「ゆらぎ」の出発点となっており、アメリカや日本は、結果的に「パンドラの箱」を開けたということになる。

### ⑵　冷戦構造の崩壊と経済のグローバル化

次に、世界経済が大きく変容したのは、1991 年のソ連邦の崩壊であり、ロシアをはじめとした東欧諸国が資本主義体制に包摂された瞬

7　日本経済のグローバル化は、1985 年のプラザ合意、そして 1986 年の前川リポートの発表によって進んだと考えられ、1990 年代以降、企業行動としても政策としても、グローバル化が強力に推し進められることになる（岡田知弘『地域づくりの経済学入門：地域内再投資力論　増補改訂版』自治体研究社（2020 年）、64-68 ページ）。

**特徴**

| 2010年代 | 2020年代以降 |
| --- | --- |
| グローバル化の揺らぎ、経済成長時代の終焉 | 両極の時代（グローバル化と反グローバル化の同時進行） |
| 中国の台頭、発展途上国の経済成長 | アメリカの相対的地位の低下、中国など新興国の台頭 |
| 通商関係における対立の芽、新興国の台頭による軍拡 | 友好国を中心とした政治経済関係、対立関係の複雑化 |
| 先進国やWTO、EUを中心とした世界秩序の揺らぎ、地域経済統合 | 先進国による統制力の低下、既存の体制の機能不全、秩序の再構築 |
| 領域的グローバル化の完了、国際分業の脱国民国家化、GAFAMの台頭 | 米中対立による国際分業体制の再構築、デカップリング |
| 危機の時代、所得格差の拡大、ナショナリズムの拡大 | 社会的・経済的分断、経済的停滞、資本主義の限界、気候変動 |

（出所：著者作成）

間でもあり、「ショック療法的」な資本主義化は、経済・社会に大きな混乱を長期間にわたってもたらすことになった。これに対して、アメリカは、冷戦を生き延びた唯一の「超大国」として世界経済の中心に位置し続け、日本やドイツの追い上げを受けていた経済についても、IT革命とサービス経済化、金融経済化によって、再建・復活することになっている。このアメリカ経済の復活については、GATTに替わり1995年に成立したWTO（世界貿易機関）の役割が大きい。WTOは、1947年に成立したGATT（関税及び貿易に関する一般協定）の「1994年の関税及び貿易に関する一般協定」を協定の一部とし温存しつつ、グローバルな通商枠組みにおける権限を大幅に強化して成立しており、アメリカはWTO設立に際して、サービス貿易、著作権、特許などに代表される知的財産権の保護を前面に押し出している。それが、「サービス貿易に関する一般協定（GATS）」、知的財産権保護の強化を規定した「TRIPs」である。このサービス貿易と知的財産権保護に関する国際合意のもとで、アメリカは自国企業の海外における特許戦略、ソフトウェア販売やコンテンツ輸出（アメリカン・グローバリゼーション）[8]を

8　「アメリカン・グローバリゼーション」とは、アメリカ企業のグローバル化、すなわち多国籍企業の海外事業転換を後押しするアメリカ政府による通商政策の展開、またアメリカ企業の海外事業展開と影響力の拡大を目指すグローバル化の推進であると考えられる（萩原伸次郎・中本

強力に押し進め、今日、「GAFAM（ガーファム）[9]」と呼ばれる巨大IT企業群を生み出し、全世界の人々の生活スタイルを大きく変えるとともに、グローバルな独占企業群を新たに構築し、莫大な利益を獲得してきたのである。

日本やドイツに代表される西側先進国もこの流れに追随し、先進各国による相互貿易や相互投資だけでなく、ドイツにおいては東欧諸国への海外事業展開、日本においては東アジア、東南アジア、中国への海外事業展開を積極化し、全世界に広がる生産・販売ネットワーク（グローバル・バリュー・チェーン）を形成していくことになる。このような経済のグローバル化は、世界経済全体における関係を、経済面、政治面、文化面で深めたことから、冷戦時代における主要国の対立関係、紛争、武力衝突は減少するものと、当初は考えられており、国連を中心として多角的な国際秩序構築への期待が高まっていた。

しかし、それは民族主義と分離独立運動の台頭に伴う地域紛争、領土問題、国際テロ組織によるテロ活動の頻発、国連などによる主要国の対立がこれまでと同様に続くなかで、幻想に終わってしまっている。

### ⑶ 世界経済力学の変容―新興国の台頭

このように、経済のグローバル化は、先進国、新興国、発展途上国・地域における経済関係を深めることに繋がっているが、それは世界経済力の力学を変える、新たな原動力へと進化することになった。それは、新興国の台頭とアメリカを中心とした先進国の、世界経済における相対的地位の低下である。

「経済のグローバル化」は、長期間にわたって進み、それが国民経済、さらに国民経済のなかにある地域経済へと浸透する時には、経

---

悟編『現代アメリカ経済：アメリカン・グローバリゼーションの構造』日本評論社（2005年））。

9 「GAFAM（ガーファム）」とは、Google（グーグル）、Apple（アップル）、Facebook（フェイスブック：現Meta）、Amazon（アマゾン）、Microsoft（マイクロソフト）を頭文字とったものであり、特に影響力の大きなIT多国籍企業群を指している。

済・社会構造の変化が伴う。また、それは、グローバルな通商関係と安全保障環境の変化とが「対」となって進む。しかし、新興国や発展途上国・地域では、先進各国からの資本（多国籍企業）を呼び込むこと（対内直接投資の受け入れ）によって、グローバルな貿易ネットワークに参入し、高度経済成長を実現している。先進各国は、成長が著しい新興国や発展途上国・地域へと積極的に投資を行い、本国との経済関係だけでなく、自国多国籍企業を通じた第三国との関係の強化を進めた。欧州においては、東欧諸国をEU経済圏へと包摂、いわゆる「拡大EU」政策が採用され、1995年には15ヵ国であった加盟国は、27ヵ国に拡大している。この「拡大EU」は、安全保障においても同様であり、EUの東方拡大と並行したNATOの東方拡大が進んだ。その結果、2023年9月現在、ロシアを除くと、東欧においてNATOに加盟していない国は、ウクライナ、モルドバ、ジョージア、ベラルーシのみとなっている。経済圏の拡大が、必然的に政治、安全保障関係の強化とつながっている。

インド・太平洋地域においては、中国の経済発展が著しく、1990年代以降、先進各国における二度の中国進出ブーム[10]のなかで「世界の工場」としての地位を確立することになる。また、2001年におけるWTO加盟は、中国を貿易・投資立国へと押し上げ、2010年にはGDP総額で日本を上回り、世界第2の経済大国にまで成長を遂げることになった。その後も中国は、貿易・投資の拡大によって成長を続け、経済規模においてアメリカに匹敵する規模を持つようになっている。また、インドはアメリカとのIT産業におけるサービス受託やソフトウェア開発、ジェネリック薬品の生産などを中心に経済が拡大しており、日本、ドイツに次ぐ、世界第5位の経済規模を有している。

10　多国籍企業の海外事業活動状況については、小山大介「多国籍企業の海外事業活動と戦略的撤退：日系多国籍企業の海外進出と撤退を事例として」『多国籍企業研究』第6号（2013年）を参照。

図表２－２　アメリカ、中国、インド、日本経済の世界 GDP に占める

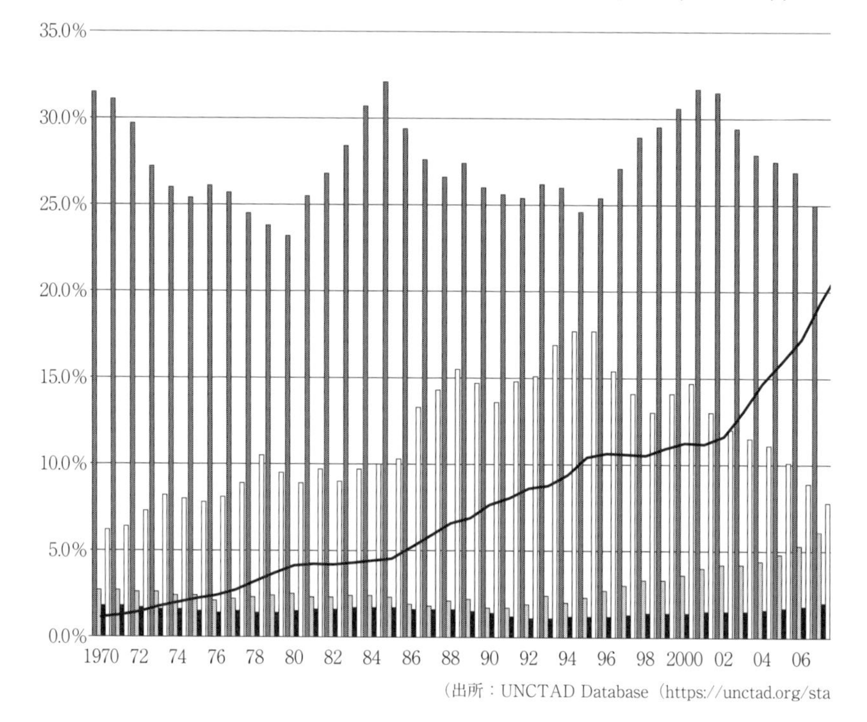


（出所：UNCTAD Database（https://unctad.org/sta

東南アジア各国においても、1980 年代以降の経済発展によって、マレーシアでは１人当たり GDP が１万ドルを突破しており、タイ、フィリピン、インドネシアでも１人当たり GDP の拡大が見られる。これとともに、アジア地域における経済統合が進み、タイ、インドネシア、シンガポール、フィリピン、マレーシアの５ヵ国で 1967 年に成立した ASEAN の加盟国拡大が続き、ベトナム、カンボジア、ミャンマーなど旧東側との関係が深い国々が加盟しており、当初は反共軍事同盟として成立したが、現在では東南アジア地域における通商関係の拡大や経済統合を重視する地域国際機関となっている。

このような、新興国・発展途上国・地域の経済発展は、先進各国よ

割合の変化

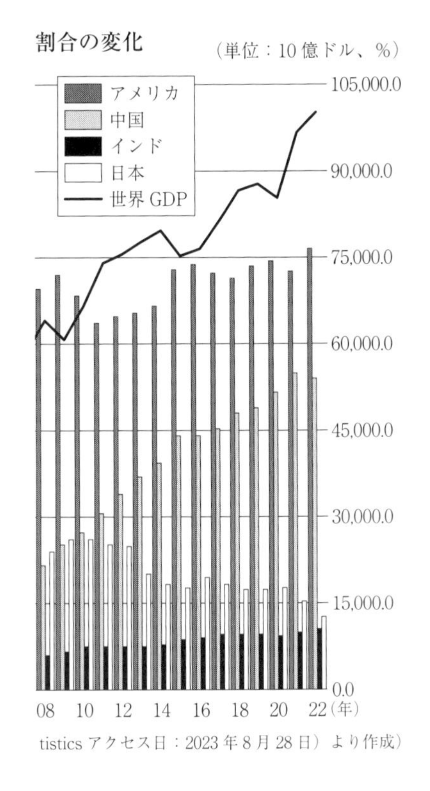


tistics アクセス日：2023年8月28日）より作成）

りも相対的に速いペースで進んでいることから、世界全体のGDP規模が1990年代以降、飛躍的に拡大するとともに、中国などの新興国の台頭を生み、アメリカを含む先進国の世界経済における相対的地域の低下が進むことになっている。

**図表2－2**は、1970年代以降の主要国における世界GDPの割合の変化を示したものである。これによると、アメリカは1970年代後半と1980年代後半に、世界GDPにおける相対的な比率を低下させていることがわかる。だが、この時は、日本やドイツ（西ドイツ）などが台頭した結果生じた事象であったことから、先進各国における国際政策協調を深めることによって、事態の解決を図っている。その結果として現在のG7（先進国首脳会議）やダボス会議などの会議体が設置されている。

だが、2000年代以降は状況が異なる。新興国や発展途上国・地域の経済力が、経済のグローバル化の進展によって拡大するなか、アメリカだけでなく、先進国の相対的な地位が低下しているのである。先述の通り、2010年には、中国が日本のGDPを総額で上回り、BRICS（ブラジル、ロシア、インド、中国、南アフリカ）という新興国群や発展途上国の経済発展が世界的に注目されるようになる。その結果、2015年を基準とした実質GDPで計算すると、G5（アメリカ、日本、ドイ

図表2−3　主要国における冷戦崩壊後の国防費の推移

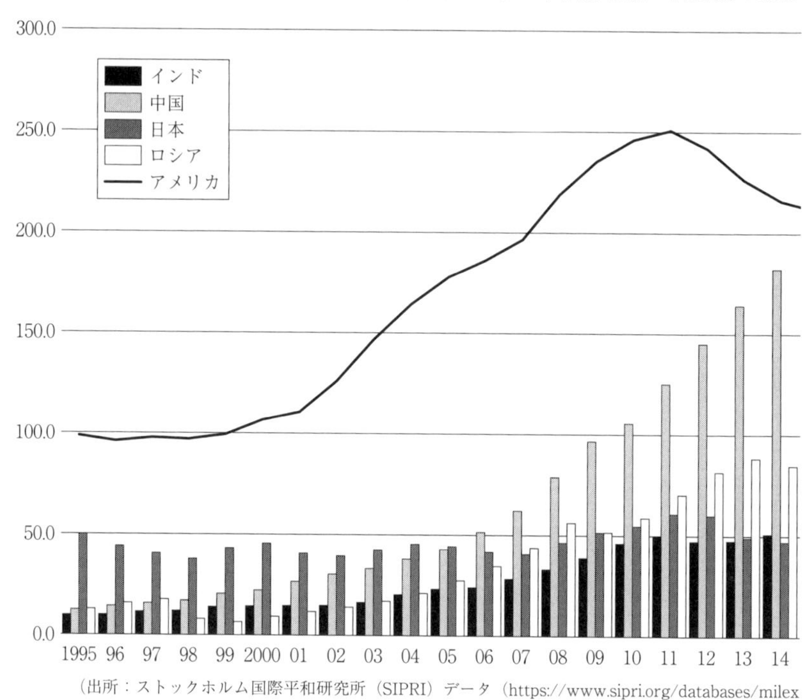


（出所：ストックホルム国際平和研究所（SIPRI）データ（https://www.sipri.org/databases/milex

ツ、フランス、イギリス）の世界経済のおける割合は39.7％なのに対して、BRICSの割合は25.9％と、先進5ヵ国に近づいているのである。G5については、1990年当時、同様の割合が57.6％あったことを考えると、世界経済における影響力（相対的地位）は、経済のグローバル化が進むなかで大きく後退しているといえる。[11] これに伴い、これまで世界秩序や安全保障環境を維持するために機能してきたG5などを中心とした国際協調枠組みは限界に達しており、アメリカはもとよ

11　特に、日米2ヵ国は、1990年代には世界GDPの4割を占めていたが、2022年は3割弱にまで後退している。そのなかでも、日本の相対的地位の低下は著しく、1995年の17.7％から2022年には4.2％へと低下している。このことからも、2022年以降進む円安や輸入物価の上昇は、欧米との間の金融政策の違いだけでは説明できないと考えられる。

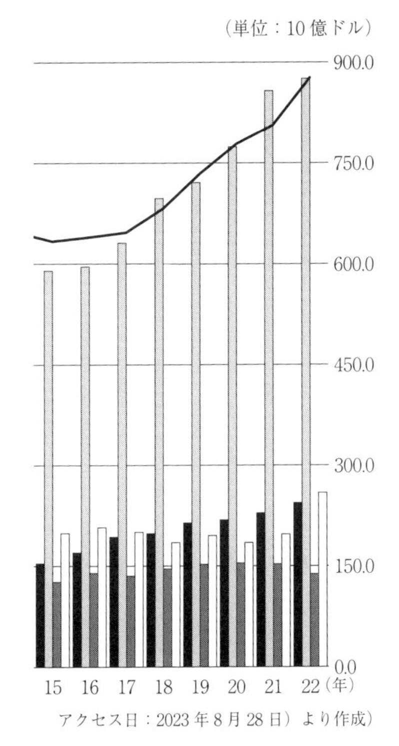


アクセス日：2023年8月28日）より作成）

り、先進各国の経済力や政治力のみでは、グローバルな問題に対処できないようになっているのである。

### ⑷　軍備拡大に振り向けられる経済力

ところで、中国やインド、そして東南アジア各国は、経済成長によって、これまでにない経済力と通商・外交面での政治的発言力を持つようになっている。この経済発展は、どのように活用されているのだろうか。そもそも、経済発展を国内の教育や福祉、公共インフラの整備、環境対策などに充てることによって、これまで先進国のみが享受してきた経済的な豊かさや貧困問題の解決、格差是正という課題を解決することも可能であったかもしれない。だが、実際は、多くの国で経済発展によって得た経済力は、軍事力の強化に使われているのが実情である。**図表2−3**は、主要国における冷戦崩壊後の防衛費の推移を示しているが、どの国においても、冷戦崩壊後の防衛費の削減は限定的であり、継続的に防衛費が増大していることが見て取れる。ロシアについては、経済危機などが重なり、長らく経済的に厳しい局面が続いていたが、それでも防衛費が増加傾向にある。この図で突出しているのは、アメリアの防衛費である。アメリカでは紛争への介入が行われる度に防衛費が増大しており、2022年に至っては、8769億ドルと、日本政府の一般会計に匹敵する予算[12]が防衛費に投じら

12　2023（令和5）年度の一般会計予算は、114兆3812億円であり、2024（令和6）年度予算に

図表２－４　冷戦崩壊後の地域別国防費の推移

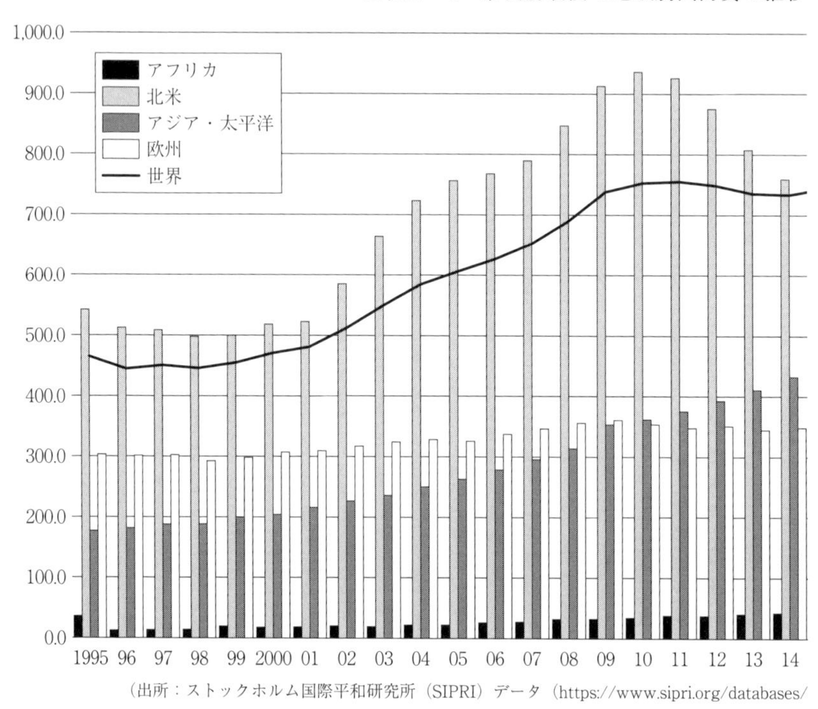


（出所：ストックホルム国際平和研究所（SIPRI）データ（https://www.sipri.org/databases/

れている。さらに、2000年代以降、防衛費を急拡大させているのが中国である。中国の防衛費は、その内実が不透明であり、実際の規模を検証することは難しいが、公表されている資料によると、実質経済成長率よりも高い割合で増加しており、2022年には2920億ドルに達している。ロシアについては、ウクライナ侵攻後、戦費がかさんでおり、2021年にくらべると、31％増加（863億ドル）しており、ロシアにおける2023年の国防予算は1050億ドルに達しているとされている。[13]

---

ついても、概算要求、要望額は、114兆3852億円に達している。

13　RUETER電子版「ロシア、今年の国防予算倍増　戦費膨らむ＝政府文書」、ロイター（2023年）（https://jp.reuters.com/article/ukraine-crisis-russia-economy-idJPKBN2ZF0GA　アクセス日：2023年9月9日）。

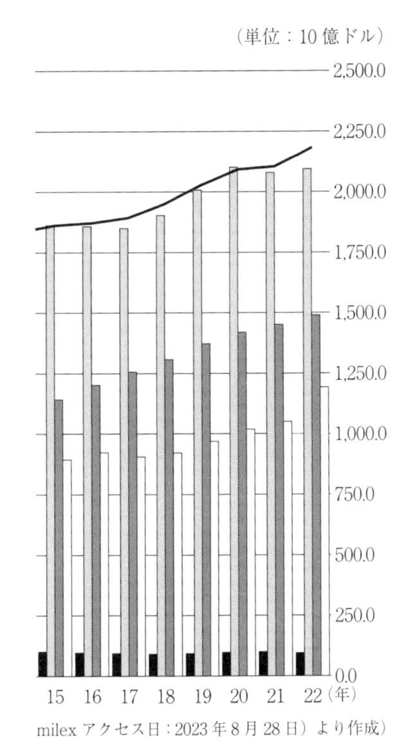

milex アクセス日：2023年8月28日）より作成）

　また、**図表2－4**で防衛費の推移を地域別に見ると、アジア・太平洋地域における防衛費が右肩上がりで増大していることが分かる。1995年には、欧州の6割程度であったアジア・太平洋地域の防衛費は、2011年に欧州を超え、2022年には約6000億ドルに達している。つまり、貿易と投資の拡大、多国籍企業の事業展開、経済のグローバル化によって得た経済力は、経済や社会の発展、福祉の向上という「平和の配当」へと振り向けられるのではなく、統計データを見る限りにおいては、もっぱら軍事力の拡大のために利用されていることが分かる。このような軍事力の拡大は、艦船の大型化、航空機や火砲の近代化、ミサイルの長射程化や精度向上、サイバーセキュリティの強化に利用され、莫大な規模の武器市場が形成されることになる。そしてその行為は、近隣諸国との過度な緊張を生み、それがエスカレートすることによって、軍備拡大競争の様相を呈しているのである。

　だが、軍備の近代化だけでは、現在の世界情勢の緊迫化を説明することはできない。なぜ、インド・太平洋地域の安全保障環境がここまで悪化しているのであろうか。その原因となっている、現在の米中対立の「歪んだ」関係について、さらに検討する必要がある。

図表２－５　北米、ヨーロッパ、アジア・対外直接投資残高

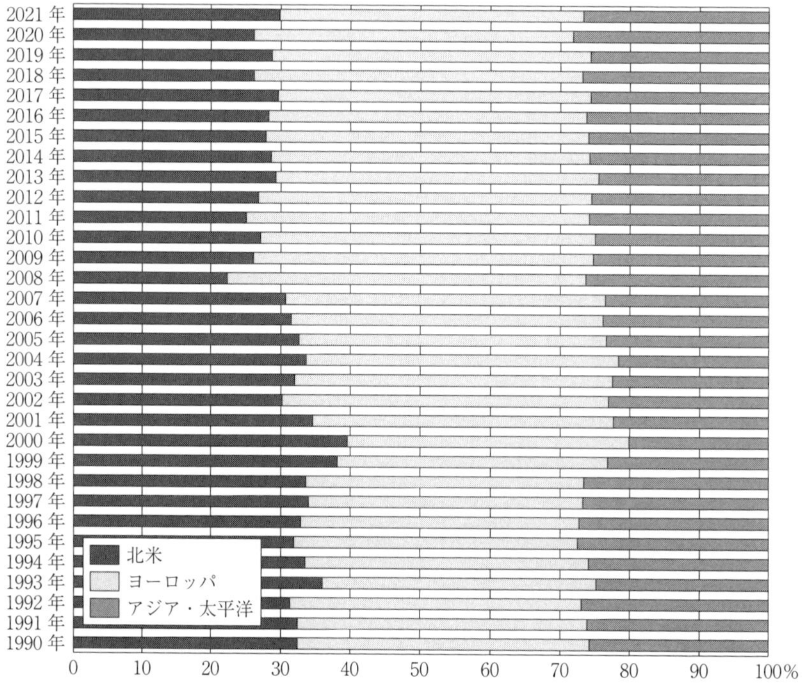

## 3　歪んだ米中対立と世界の分断の実態

### ⑴　グローバル化のなかでの「歪んだ」米中対立

中国がアジアインフラ投資銀行（AIIB）の設立を発表し、アメリカのオバマ政権でTPP（環太平洋パートナーシップ）協定の大筋合意がなされた2015年は、インド・太平洋地域における情勢変化を見通すうえでも重要な「転換点」となっており、米中における対抗関係が鮮明となった時期である[14]。しかし、米中対立の深まり、インドの対抗、そ

14　関下稔『知識資本の時代：世紀末大転換と激動の21世紀を診る』、晃洋書房（2023年）、3-9頁。

**太平洋地域における直接投資残高構成比の推移**

（単位：%）

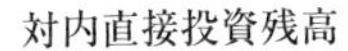


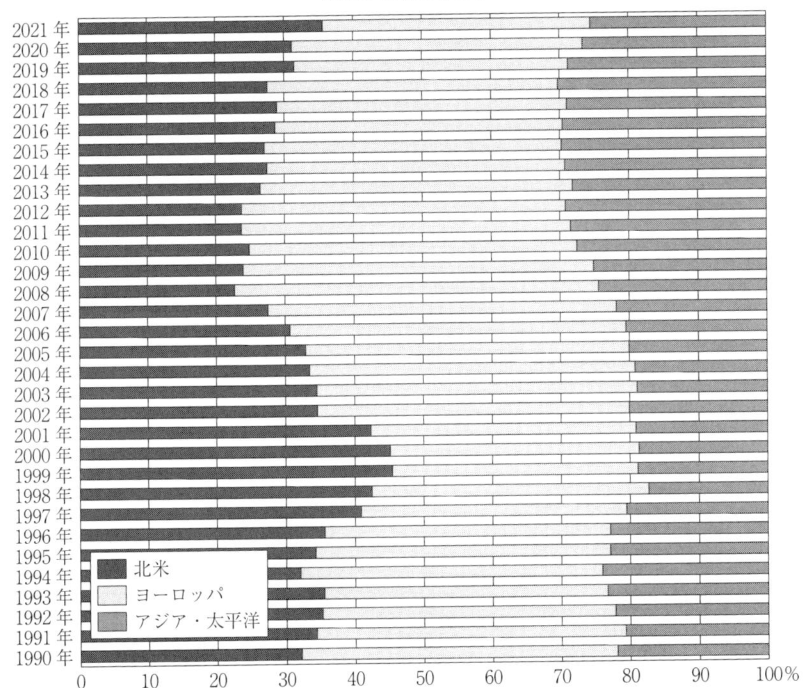


（出所：UNCTAD Databese(https://unctad.org/statistics アクセス日：2023年8月29日）より作成）

して現在へと至る安全保障環境の複雑化を説明するには、主要国が置かせている現代世界経済構造と対立の中心に位置する米中関係を分析していく必要がある。まず、ここでは、現在の世界経済がどのような「形」になっているのか再検討したい。

これまで強調してきた通り、現在の世界経済秩序は、IMF・GATT体制（WTO体制）の延長線上にあり、この土台のもとで中国などの新興国、ASEAN各国は経済成長を維持してきた。その原動力は、貿易と投資の拡大であり、その担い手は、自国企業というよりもむしろ、先進国の本社が立地している巨大多国籍企業群である。また、世界的な

図表2-6　北米・ヨーロッパ・アジア・地域内輸出額

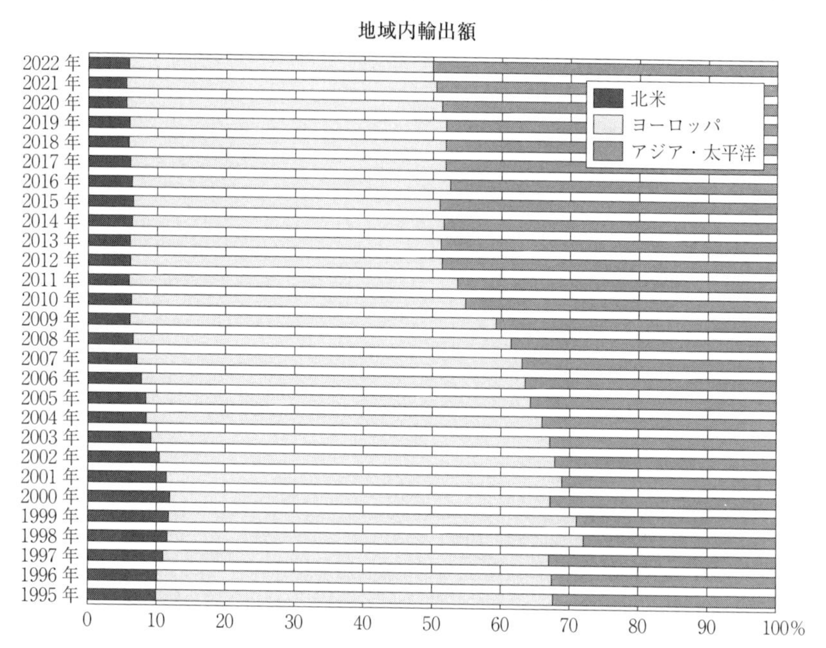


経済活動の活発化によってブラジルやロシアなどの資源輸出国は、その影響力を高めてきた。それは、第二次世界大戦後から1980年代までの経済成長の手法と大きく異なるものであり、1960年代に高度経済成長期を迎えた先進各国が自国内において内需主導型経済のなかで、自国経済や企業が大きく成長してきた。しかし、国民経済が自国企業を中心として発展してきた経済発展モデルは、過去のものとなっている。1990年代以降、経済のグローバル化が進むなかで、新興国や発展途上国は、外資系企業（多国籍企業）や海外の技術を積極的に受け入れ、得意分野に集中することで、世界経済のなかで役割分担を行いながら発展を遂げてきたのである。それを裏付けるように、グローバル化が進むなかで、アジア・太平洋地域にける海外直接投資の受け入れ額（**図表**

**太平洋3地域における地域内貿易構成比の変化**

（単位：%）

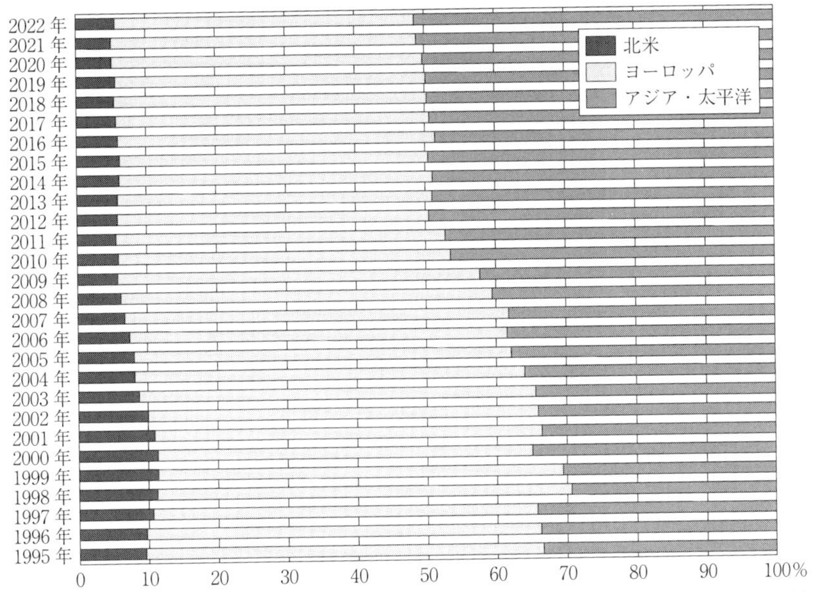


（出所：UNCTAD Databese(https://unctad.org/statistics アクセス日：2023年8月29日）より作成）

2－5）や、地域内貿易が拡大し、アジア・太平洋地域は、世界経済の発展センター、「世界の工場」となっていった（図表2－6）。また、それは、これまでにアメリカや先進各国が構築してきた通商枠組みのもとでの経済成長・発展を意味していた。経済活動の中心軸は、明らかに、大西洋地域からインド・太平洋地域へとシフトしているのである。

結果として、東欧諸国、中国、アジア各国にとって、外資系企業（多国籍企業）の海外事業活動は、自国の経済成長や発展にとって無くてはならない存在となっただけでなく、内需の拡大が難しくなっている先進国にとっても、中国などのアジア市場は、有力な販売市場となった。結果として、アメリカ多国籍企業は、中国に3225社の子会社を有し、売上高は7316億ドル以上に達している。また、日本の多国籍企業

図表 2－7　日米多国籍企業におけるアジア・太平洋地域での事業活動

| | 日本多国籍企業（2021 年実績） | アメリカ多国籍企業（2019 年実績） |
|---|---|---|
| 多国籍企業数 | 7,152 社 | 4,752 社 |
| 海外子会社数 | 2 万 5,325 社 | 4 万 1,320 社 |
| アジア・太平洋地域 | 1 万 7,638 社 | 9,460 社 |
| 中　国 | 7,281 社 | 3,225 社 |
| 海外売上高 | 303 兆 2,381 億 7,800 万円 | 7 兆 6,790 億 700 万ドル |
| アジア・太平洋地域 | 149 兆 2,543 億 2,700 万円 | 2 兆 2,535 億 3,600 万ドル |
| 中　国 | 59 兆 3,664 億 9,400 万円 | 7,316 億 1,400 万ドル |
| 従業者数 | 569 万 4,624 人 | 1,671 万 6,200 人 |
| アジア・太平洋地域 | 382 万 4,163 人 | 601 万 9,500 人 |
| 中　国 | 125 万 7,054 人 | 176 万 9,000 人 |

注 1：日本多国籍企業については、アンケート調査であり、2021 年実績の回答率は 74.8% である。
注 2：「中国」の数値は、「香港」が含まれる。
（出所：総務省統計局「第 52 回海外事業活動基本調査（2021 年実績）」データ（https://www.e-stat.go.jp/stat-search/files?page=1&layout=datalist&toukei=00550120&kikan=00550&tstat=000001011012&cycle=7&tclass1=000001023635&tclass2=000001204721&tclass3val=0 アクセス日：2023 年 8 月 29 日）、U.S. Bureau of Economic Analysis (BEA), 2019 benchmark survey of U.S. direct investment abroad（https://www.bea.gov/worldwide-activities-us-multinational-enterprises-revised-2019-statistics アクセス日：2023 年 8 月 29 日）より作成）

も同様であり、7281 社の子会社は、中国で 59 兆円以上の売上高を確保しており、米中 2 つの市場は日本企業のいわば「生命線」ともなっている（**図表 2－7**）。

ここに、現在のインド・太平洋地域における対立関係分析の難しさがある。そもそも、経済のグローバル化によって、対立関係にある国同士は深い経済関係によって結ばれており、もはや経済関係を切り離すことはできない。また、このような経済関係は、国境を横断するヒト・モノ・カネ・情報の取引を伴うため、そもそも「平和」でないと持続することはできない。だが、政治的対立によって、この密接な経済関係を強引に切り離そうとする動きが進んでいるのである。だとすると、その切り離し（デカップリング）を、なぜ進めようとするのだろうか。そのヒントもまた、経済のグローバル化にある。

### ⑵　対立の火種はグローバル化と経済成長の終焉―深まる国内経済格差

経済のグローバル化は、各国の経済・社会に何をもたらしたのであろうか。そのヒントは、2010年代以降、欧州やアメリカで蔓延したポピュリズムの台頭にある。

経済のグローバル化は、確かに世界経済の一体性を高め、一部の国や地域では高度経済成長を促した。それは経済活動だけでは実現できず、必ず外交・通商交渉を必要としていたし、アメリカによる自国企業優先の「アメリカ・グローバリゼーション」が進められてきた。そして、世界は多国籍企業へと利益が集中する構造へと変容した。

しかし、この好景気は、突然終焉することになる。2007年におけるサブプライム・ローン問題の顕在化と2008年のリーマン・ショックの発生である。これによって、一気の金融危機が世界を覆い、特に欧州各国では金融不安が高まることになった。また、日本を含めたアジア各国では、製造業を中心として、一時的に仕事量の顕著な減少が見られた。1990年代以降、世界経済を牽引してきた経済のグローバル化が限界に達して瞬間であった。この出来事を起点として、これまで経済成長によって隠されてきた歪みが顕在化する。それは、これまでの新自由主義的な政策によってもたらされた所得格差の拡大と若年層における就職難であった。また、グローバル化によって製造基盤が先進国から新興国へと移転したことで、先進国では地域経済が衰退し、経済発展の原動力を失ってしまった。結局のところ、グローバル化によって利益を得たのは、一部の巨大多国籍企業群であり、大多数の人々は、その恩恵に預かることができなかった。そのため、2000年代から燻っていた「反グローバル化」の動きが一気に噴出し、主要国では自国優先的な動きが目立つようになる。

また、リーマン・ショックへの経済対策としては、大規模な公共事業や財政投入が行われたが、各国経済を本格的な回復軌道に乗せることはできなかっただけでなく、欧州各国や中国においては、若年層の就職難を解決するには至らなかった。

このなかで、EU 域内、アメリカでは、既成政党への批判が高まり、過激な移民排斥や反グローバル化を主張する勢力が拡大し、フランスやドイツ、スウェーデンなどでも一定の支持を集めることになり、イタリアでは、ポピュリズム政党が政権を担うことにも繋がっている[15]。また、アメリカでは、共和党の大統領候補であったドナルド・トランプ氏が 2016 年の大統領選挙に勝利し、2017 年 1 月にトランプ政権が誕生している。どの政党も自国優先主義的な政策を強行に主張し、これまでのグローバル化・国際協調路線が軌道修正されていく。それは中国など新興国も同様であった。国内における所得格差構造、社会保障体制の不備などによって国内問題が噴出し、それを対外的な強硬策によって打開しようとしたのである。いわば、経済力向上による対外的な「自信」と国内問題を解決できない「不信」とが併存する形で、対外的な膨張政策が採られることになったのである。この構造自体は、第一次世界大戦や第二次世界大戦前夜とも酷似している。

このような各国における政策スタンスの変化は、新型コロナウイルス（COVID-19）感染拡大期にも見られた。それは、衛生商品や医薬品、医療機器、ワクチンなどの輸出制限や囲い込みであり、食料品や農作物の貿易制限措置を打ち出す国も見られた[16]。本来、世界的なパンデミックにあっては、主要国はもとより世界各国が協調して事態への対処を行わなければならなかったはずである。だが、各国は危機に際して、協調するのではなく競争と対立を志向し、惨事に乗じて自国の国

15　イタリアでは、2022 年の総選挙で極右とされている「イタリアの同胞（FDI）」が勝利し、「同盟」、「フォルツァ・イタリア」と右派連立政権が成立することになった。

16　小山大介「COVID-19 パンデミックと各国・企業の対応：危機下において激化する主要国間の主導権争い」『経済科学通信』第 155 号、基礎経済科学研究所（2022 年）、3-9 頁。

益や経済圏の拡大、自国企業の利益を優先しようとした。それは、国内における経済的課題を対外的な外交・通商行動によって解決あるいは、国民の目を外へとそらそうとする政策であったといえ、ロシアはウクライナへと侵攻し、台湾問題や南シナ海における領土問題は緊張の度合いを増している。まさに、その状況は「惨事便乗型資本主義」[17]そのものである。

このように、現在深刻化している世界経済の「歪み」は、①経済のグローバル化による海外生産、多国籍企業の海外事業展開、②規制緩和や市場開放などの新自由主義的政策の過度な採用、③各国間・地域間における経済的依存の拡大、④グローバル化に伴う国内産業構造の展開と失業、所得格差の拡大、④それがもたらした政治的な分断、⑤主要国による自国優勢主義的な政策の実施と経済的権益の拡大、⑥国内問題の外交・通商問題化、の相乗効果によってもたらされているといえ、防衛費の増大が各国に疑心暗鬼を植え付け、事態をさらに深刻化させていると考えられる。つまり、現在の主要国における対立関係は、経済的でグローバルな依存関係を政治的かつ強引な手法によって解消しようとする取り組みであると考えられる。

### ⑶　長期化する米中対立

次に、インド・太平洋地域における米中関係について検討したい。すでにアメリカと中国は、経済的に一体化が進んでおり、人材交流も活発である。中国の貿易や投資の拡大に、外資系企業が大きく貢献しており、中国経済のなかでの役割も大きい。そのため、米中間で経済関係を切り離す「デカップリング（decoupling）」は不可能に等しいと考えられ、イエレン米財務長官は、2023年4月20日の講演のなかで「中国

17　ナオミ・クラインによると、「惨事便乗型資本主義」とは「壊滅的な出来事が発生した直後、災害処理をまたとない市場チャンスと捉え、公共領域にいっせいに群がる衝撃的行為」のことを指す。ナオミ・クライン著、幾島幸子・村上由見子訳『ショック・ドクトリン―惨事便乗型資本主義の正体を暴く―(上)』、岩波書店（2012年）、5-6頁。

とのデカップリングを追求しない」と発言している（U.S. Department of Treasury 2023)。

米中関係は、IT 革命の進展により、アメリカがIT 関連機器の一大供給地として中国に着目したことで深まっていった。通商関係においては、繊維製品、軽工業品、家電製品、IT 関連機器をアメリカが大量に輸入していることから、一方的な輸入超過にある。そのため、中国の WTO 加盟交渉や WTO 加盟後も繊維製品の対米輸入や知的財産権については、当初から貿易摩擦を抱えていたが、決定的な対立関係はなく、2009 年に発足したオバマ政権初期には、むしろ良好な関係が維持されていたといえる。だが、この関係が大きく変わったのは、中国がGDP 規模で日本を超える 2010 年以降のことである。この時中国は、すでに軍備を急速に増強しつつあり、当該地域における影響力が高まっていた。

そのような状況のなか、2011 年 10 月にオバマ政権は、「リバランス政策」を発表する。これはアメリカの安全保障政策や外交・通商政策を根本から変えるものであり、これまで大西洋に軸足を置いてきた軍備を太平洋へとシフトさせるものであった。アジア・太平洋地域におけるアメリカの政治的影響力を維持する狙いがあるとともに、経済発展が進む当該地域における自国企業の権益を最大限確保する狙いがあった。しかし、同時期に起こった「シェール革命」によって、これまで採掘が困難であったシェール層からの石油や天然ガスの採掘が可能となると、アメリカ国内での石油・天然ガス生産が拡大し、中東地域への関心が徐々に薄れていくことになる。それは、アメリカから見てインドよりも以東への関心を薄れさせ、アメリカに代わって、サウジアラビアやイラン、トルコ、ロシアといった国々の中東における影響力を拡大、イスラエルの対パレスチナへの強硬姿勢にも繋がっている。権力の空白は、別の権力によって置き換えられるのである。

急激に米中関係が悪化したのは、2017年に発足したトランプ政権からである。トランプ政権では、自国産業の空洞化と多額の対中貿易収支赤字とを結びつけた通商政策が展開され、米中貿易不均衡是正に対して、通商法301条[18]を根拠とした対中制裁措置を発動、2018年3月以降、合計4回にわたり対中輸入関税の引き上げと対象品目の拡大が行われた[19]。これに対して、中国側でも対米輸入品に対して追加関税を課すとともに、中国が主要な生産地となっているレアメタルの輸出制限をくわえるなどして対抗したため、事態がエスカレートすることになった。これにくわえ、知的財産権問題についても対立が深まった。当初は、アメリカ産コンテンツ作品に対する海賊版対策をめぐる問題であったものが、中国の技術水準の向上とともに、次世代通信技術（5G）や半導体製造技術、最先端半導体など、アメリカ企業にとって国際競争力（利益）の源泉をなす基幹的な技術特許に関する対立へと波及していった。

このような最先端技術をめぐる米中対立は、トランプ政権からバイデン政権へと政権が交代するなかで続き、2022年11月には、中国のIT企業であるファーウェイの通信機器を米国内で販売することが事実上禁じられることになっただけでなく、2023年には中国のSNSアプリであるTikTokの使用が、連邦政府職員の公用端末で禁止される事態となっている。この動きについてはEU加盟国の間でも広がりを見せている。この文脈のなかで、高性能半導体の対中輸出がアメリカで事実上禁止され、同盟国や台湾を巻き込んだ「デカップリング」の議論が活発化している[20]。

18　1974年に制定された米国通商法の第301条であり、貿易相手国との間で通商協議によって問題が解決しない場合の経済制裁についての条項となっている。

19　トランプ政権による対中輸入関税の追加引き上げは、最大25％に達しており、その措置は、2023年9月現在、バイデン政権でも見直しを検討しながら実施されている。

20　これに対して、中国政府は、米アップル社製のスマートフォン「iPhone」の使用制限を地方政府や国有企業に拡大することで対抗している（多部田俊輔「中国、iPhone使用制限、地方・

政治・軍事をめぐる問題では、中国の太平洋における海洋進出と関連し、台湾問題、南シナ海問題で、米中間での非難の応酬が続いており、台湾海峡周辺や南シナ海では、軍用機や艦艇どうしによる一触即発の事態も頻発するようになっている。

インドについては、武器輸入の関係によって、歴史的にロシアと緊密な関係にあるが、IT 関連産業を中心にサービス受託、人材の相互交流、研究開発分野において、アメリカとの関係も深い。また、中国とはカシミール地方の領有をめぐり、1960 年代から領土問題を抱えており、両国が経済力を拡大するなかで、対立関係が深まりつつある。ただ、外交・通商政策のスタンスとしては、ロシア、中国、アメリカのどちらにも属さない独自政策を展開しており、その点では自国の国益を最重要視している。

このように、インド・太平洋地域における安全保障環境の緊迫化には、米中対立が深く関わっており、そこにインドや東南アジア各国、日本や韓国が加わる構図となっている。米中関係は、当初は比較的良好であり、長期間における経済関係が深まるなかで、中国の経済的影響力が高まり、アメリカの警戒感を生み、それが深刻化していった。そして、この米中関係は、貿易や投資における両国間の関係緊密化のなかで、醸成されている点は興味深く、アメリカは産業空洞化と中西部における失業問題、中国は少子高齢化、若年層の就職難という問題を抱えており、それらを対外的な膨張政策や影響力拡大政策によって解決しようとしている点に「歪み」の根本原因があるといえる。米中両国は、「グローバル化の推進者」であると同時に「反グローバル化の推進者」でもあるのである。そこに、ロシアやインド、EU など主要国の思惑が交錯するなかで、事態が複雑化してきたと考えられる。

---

国有企業に拡大」日本経済新聞、2023 年 9 月 9 日付、朝刊)。

### ⑷　米中の狭間に立たされる日本

では日本の状況はどうだろうか。国防三文書の改訂には、中国の軍備拡大や海洋進出、北朝鮮による弾道ミサイル発射よりも日米安全保障条約を基盤としたアメリカとの関係が影響しているといえるだろう。それを裏付けるように、アメリカのバイデン大統領が、日本防衛費増額を強く働きかけた旨、報道されている[21]。日本にとってアメリカは、アジア・太平洋地域における重要なパートナーであり、主要な貿易相手国であり、緊密な経済関係を有している。また、アメリカにとっても、東アジアにおける成熟した資本主義国、民主国家である日本や韓国は、重要なパートナーであり、米軍基地が立地する戦略上の要衝である。

だが、日本にとっては、中国との関係もまた重要であることにかわりはない。それは、貿易・投資、市場、人材、文化、学術交流など広域的な分野にまたがっており、中国にしても、東アジアにおける日本の重要性を認識している。東南アジア各国も、日本と同様に米中間の狭間で翻弄されており、一部の国を除けば、すべての国で中国との間に何等かの係争関係を抱えている。日本を含めたアジア各国は、アメリカと中国との対立関係の狭間にあり、難しい交渉を今後も強いられることになるだろう。１ついえることは、すでに世界はグローバル化しており、経済的・文化的・学術的な関係が軍事的・政治的関係によって阻害されるという、旧世紀的事態があってはならないということである。

## おわりに―インド・太平洋地域における危機を診る

ここまで、日本の防衛三文書の改訂に関わるインド・太平洋地域にお

---

21　清宮涼・下司佳代子『「バイデン氏、度々の日本称賛　岸田氏指し「この男が立ち上がった」防衛費増「すばらしい」』朝日新聞、2023年７月30日付朝刊。

**図表2−8　米中欧ロをめぐる政治・経済状況**

EU
拡大 EU 政策、域内貿易、人の往来の自由、域内のグローバル化、域内企業の海外事業展開、賃金の高騰、所得格差の拡大、若年層の就職難、ポピュリズムなど過激思想の台頭、アメリカ IT 企業規制

経済関係の維持

同盟関係

中国
「一帯一路」、アフリカ進出、AIIB（アジアインフラ投資銀行）、対外的影響力の拡大、自国権益の拡大、防衛費増、台湾問題、高度経済成長の終焉、不動産バブルの崩壊、少子高齢化、若年層の就職難、所得格差の拡大

台湾、南シナ海をめぐる対立

ウクライナをめぐる決定的な対立

経済覇権をめぐる対立

アメリカ
アジア・太平洋地域における影響力と権益の維持、自国多国籍企業の利益確保、世界経済での相対的地位の低下、産業空洞化、貿易不均衡是正、所得格差の拡大、知的財産権の保護

協調

対立

ロシア
拡大 EU の阻止、東欧における権益の維持、中央アジア、中東・アフリカへの進出、食料、天然資源の輸出拡大、武器販売、ウクライナ戦争、人口流出、経済の悪化

（出所：著者作成）

ける安全保障環境を世界経済情勢の変容から明らかにしようと試みてきた。インド・太平洋地域は、経済活動が最も活発な地域であり、主要国はこの地域における権益の確保へ躍起となっている。それが、米中対立の火種となっており、EU、ロシア、日本、韓国、インドなど地域の主要国を巻き込みながら、複雑な政治経済情勢を作り上げている。この国際関係は、**図表2−8**のように示すことができるが、大国間の思惑が交錯する様相を呈しており、日本は地理的重要性とも相まって、米中間の狭間での苦悩が深まっている。それは、元をただせば、経済

のグローバル化、そして経済成長が優先され、各国間に横たわっている懸案事項の解決が後回しにされてきたことに起因し、それが回りまわって、危機を醸成していると考えられる。

このような対立関係の現代的特徴を改めて指摘すると、経済のグローバル化のなかで進展しているという点である。すでにインド・太平洋地域においては、主要国の多国籍企業を含めた広範な貿易ネットワークが形成されており、それはすでに、世界経済のインフラとして機能している。この生産・販売ネットワークが絶たれた場合、アメリカをはじめとした多くの国では、経済が立ち行かなくなるだろう。だが、新興国や発展途上国のこれまでの経済発展によって、世界の防衛費は飛躍的に拡大している。それとは、対照的に2010年代以降、経済のグローバル化が限界に達し、各国において経済的・社会的な歪と分断が深まっており、今後の気候変動など考えると、貧困や所得格差、社会的分断は、集中的な対策を講じなければ、さらに深刻化、緊迫化の道をたどるだろう。経済成長至上主義から脱却し、持続可能な社会への目を向ける時が到来している。

世界経済は、すでに国民国家を中心とした旧世紀時代の状況とは大きく異なっている。しかし、政治的対立のなかでは、各国間の緊密な経済的・文化的な関係は、しばしば無視され、大国間における覇権争いは周辺国を巻き込みながら、数十年単位での長期間に及ぶこともある。国家権力が全面に出た権威主義的な思想も世界に蔓延している。だがそれは、第一次世界大戦、第二次世界大戦で、人類が経験済みであり、経済的問題のなかで発生した主要国間の対立は、協調関係の再構築によって解決に導くことが可能ではないだろうか。今こそ、的確な情勢分析と理解のもと、外交・通商関係の正常化が求められている。

**参考文献**


・岡田知弘『地域づくりの経済学入門：地域内再投資力論　増補改訂版』自治体研究社（2020 年）
・岡田知弘・岩佐和幸編著『入門　現代日本の経済政策』法律文化社（2016 年）
・国家安全保障会議『国家安全保障戦略』（2022 年）（https://www.cas.go.jp/jp/siryou/221216anzenhoshou.html）
・小山大介「多国籍企業の海外事業活動と戦略的撤退：日系多国籍企業の海外進出と撤退を事例として」『多国籍企業研究』第 6 号（2013 年）
・小山大介「COVID-19 パンデミックと各国・企業の対応：危機下において激化する主要国間の主導権争い」『経済科学通信』第 155 号、基礎経済科学研究所（2022 年）
・小山大介・森本壮亮編著『変容する日本経済：真に豊かな経済・社会への課題と展望』鉱脈社（2022 年）
・関下稔『知識資本の時代：世紀末大転換と激動の 21 世紀を診る』晃洋書房（2023 年）
・ナオミ・クライン著、幾島幸子・村上由見子訳『ショック・ドクトリン―惨事便乗型資本主義の正体を暴く―（上）』岩波書店（2012 年）
・萩原伸次郎・中本悟編『現代アメリカ経済：アメリカン・グローバリゼーションの構造』日本評論社、（2005 年）
・ロイター「ロシア、今年の国防予算倍増　戦費膨らむ＝政府文書」RUETER 電子版（2023 年）「（https://jp.reuters.com/article/ukraine-crisis-russia-economy-idJPKBN2ZF0GA）
・U.S. Department of Treasury (2023)" Remarks by Secretary of the Treasury Janet L. Yellen on the U.S. — China Economic Relationship at Johns Hopkins School of Advanced International Studies"（https://home.treasury.gov/news/press-releases/jy1425）

# 第3章

## 経済安全保障法とその批判的検討

井原　聰

### はじめに

「経済施策を一体的に講ずることによる安全保障の確保の推進に関する法律」（以下、本法または経済安保法）が野党2党（日本共産党、れいわ新選組）の反対と採決時、退席者があったのみで昨年（2022年）5月11日に成立した。本法の根幹ともいえる「基本方針」と4つの柱からなる「基本指針」は提起されず、政令51件、主務省令・内閣府令87件、計138件もの事項が国会を通さず府省令で決めるという[1]、政府に白紙委任をした、議会制民主主義を形骸化させるような形で法律が成立した。

本法第6条の「知見を有する者の意見を聴かなければならない」によって「経済安全保障法制に関する有識者会議」（以下、有識者会議）の第1回が昨年（2022年）7月25日に開催され、国会では審議されなかった基本方針と4つの基本指針の内の2つの基本指針が早くも提起されパブコメにかけられた。

その正式名称は、⑴「経済施策を一体的に講ずることによる安全保障の確保の推進に関する基本的な方針（案）」（以下、基本方針）、⑵「特定重要物資の安定的な供給の確保に関する基本指針（案）」（以下、重要物資基本指針）、⑶「特定重要技術の研究開発の促進及びその成果の適切な活用に関する基本指針（案）」（以下、重要技術基本指針）の3つの案

1　第208回国会衆議院内閣委員会会議録（2022年3月25日）木村政府参考人発言。

が提起された。「小林大臣のリーダーシップの下、関係者の皆様のご尽力により、膨大な内容をここまで迅速に取りまとめられたことについて、敬意を表したい。まさに時代を先取りした内容で、日本がリーダーシップを取っていける内容ではないか[2]」という政府・与党を忖度した歯の浮くような発言にはじまり、有識者全員が直ちに賛意を表明し、３案は修正なく期間７月27日～8月25日のパブリックコメント（以下、パブコメ）にかけられた[3]。

このパブコメは９月12日に集約され第２回「有識者会議」に報告され、パブコメの意見を反映させたという(1)～(3)の各案が新たに提起された。パブコメに寄せられた意見は1305件、意見の概要は387件に集約されたが、それにもとづいて修文された箇所は字句の修正を含めても三つの文書合わせてわずか20ヵ所弱で、圧倒的に多かった反対意見や修正提案は無視されて、同年９月30日に閣議決定された。残りの２つの基本指針「特許出願の非公開に関する基本指針（案）」（以下、非公開基本指針）は2023年２月８日～3月12日に、「特定妨害行為の防止による特定社会基盤役務の安定的な提供の確保に関する基本指針（案）」（以下、社会基盤基本指針）は2023年２月11日～3月12日にパブコメにかけられ、４月28日に閣議決された。

それぞれパブコメを経て基本指針が確定し、今やそれに基づく各種政令が定められ、本法の「精力的」な推進が図られはじめている。

経済安全保障推進室と国家安全保障局（NSS）が連携し[4]、経済安保法の基本方針に基づき、特定重要物資、サプライチェーンの統制・管

2　有識者会議議事要旨（2022年７月25日）３頁。

3　井原聰「『経済施策を一体的に講ずることによる安全保障の確保の推進に関する基本的な方針（案）』の検討」、井原聰「『特定重要技術の研究開発の促進及びその成果の適切な活用に関する基本指針（案）』の検討」軍学共同研究反対連絡会ニュースNo.70（2022年８月）に、パブコメ前の案（閣議決定とほとんど同内容）に検討を加えたことがあるので参照されたい（http://no-military-research.jp/wp1/wp-content/uploads/2022/08/NL70.pdf. 2023年８月１日閲覧）。

4　第208回国会参議院内閣委員会議事録（2022年４月13日）岸田首相発言。

理、特定重要技術の研究開発、特許非公開などを罰則付きで統制・管理するシステムの構築は、もっか進行している大軍拡路線を構造的に支える兵器生産基盤の確立そのものであるとともに、それと相まって科学・技術、科学者・技術者の軍事技術開発へ囲い込むシステムの構築そのもので、経済施策の顔をした軍事施策とみてよい。経済安保法を経済政策とのみ、みてはならない。そこで、この章ではこの問題を掘り下げる[5]。

## 1　経済安保法の枠組み－緊張を高める「守り」と「攻め」

経済安保法は7章からなり、冒頭でふれたように、二つの枠組とそれぞれ2本の柱、計4本の柱で構成されている（**図表3－1**）。

第1章総則では法の基本方針は別途内閣が定めるとして、はじめにで述べた「基本方針案」をパブコメにはかり、国会での審議を回避した。

大きな枠組みの一つは「戦略的自律性（守り）」であり、いま一つは「戦略的不可欠性（攻め）」というものだが、法律に書かれているわけではない。岸田首相が参議院内閣委員会で「経済安全保障に明確な定義があるわけではありませんが、政府としては、国家及び国民の安全を経済面から確保する観点から、我が国の経済構造の自律性を向上させること、我が国の技術などの優位性、ひいては不可欠性を確保すること、基本的価値やルールに基づく国際秩序の維持強化を目指すこと[6]」と述べたことによるが、その元となった議論は自由民主党政務調査会新国際秩序創造戦略本部（本部長　岸田文雄、座長　甘利明元経

5　本章は、井原聰「動員される科学・技術と研究者」『世界』（2022年3月）、井原聰「アカデミアの軍事動員―経済安保法『官民協議会』の企図」『世界』（2022年8月）、井原聰「経済安保法の危険な仕掛け―軍事技術研究開発の推進」『経済』（2022年12月）、井原聰「経済安全保障推進法の狙いと危険性」『法と民主主義』（2022年12月）などを集約し、加筆・修正したものである。

6　第208回国会参議院内閣委員会議事録（2022年4月13日）。

図表3－1　経済安保法の主な枠組み

| 提言の主な柱 | | 条 | 主な内容と問題点 |
|---|---|---|---|
| | 第1章　総則 | 1～5 | **目的、基本方針**　経済安保の定義なし |
| 戦略的自律性 | 第2章　サプライチェーン多元化・強靭化 | 6～48 | **基本指針**　特定物資の管理・支援・統制（半導体、蓄電池、医薬品、パラジウム、クラウド、肥料、船舶関係等を選定しているが基準は不明）、官による飴と鞭の監視組織（対抗委員会）のない規制は官民癒着・忖度、事業者への天下りの温床 |
| | 第3章　基幹インフラ供給・確保 | 49～59 | **基本指針案**　特定社会基盤事業（①電気、②ガス、③石油、④水道、⑤鉄道、⑥貨物自動車運送、⑦外航貨物、⑧航空、⑨空港、⑩電気通信、⑪放送、⑫郵便、⑬金融、⑭クレジットカード）特定重要設備の審査・管理・統制はサプライチェーンと同様官民癒着・忖度、事業者への天下りの温床 |
| 戦略的不可欠性 | 第4章　技術基盤 | 60～64 | **基本指針**　特別重要技術の定義なし（先端技術の研究開発、機微技術の研究開発）罰則付き研究協議会・シンクタンク等による研究情報管理、研究の遂行管理、官民伴走→社会実装（軍民両用）、国費による先端技術研究は特定重要技術認定のための監視の対象となりうる。研究の自由・発表の自由の制約が起こりうる。 |
| | 第5章　特許非公開 | 65～85 | **基本指針案**　憲法違反の秘密特許（特許の非公開）何を秘密にするかを秘密にしなければならないジレンマがある。対抗委員会等がなければ恣意的運用の危険性あり。研究の自由・発表の自由の制約がある。 |
| | 第6章　雑則 | 86～91 | |
| | 第7章　罰則 | 92～99 | 15、19、20、22、37、38、40、47、48、50、52、54、58、62、63、64、67、70、73、74、77、78、80、84、92、94（計26ヵ条に罰則規定あり） |
| | 附則 | 1～11 | |
| | 附帯決議 | 1～17 | 自由・公正な経済活動の促進との両立を図るとしているが、新たな国際経済秩序の形成の促進の重要性に留意することともあり、米国追随をあらわにしている。 |

済再生大臣）の「提言『経済安全保障戦略』の策定に向けて」(2021年12月16日）で「戦略的自律性とは、わが国の国民生活及び社会経済活動の維持に不可欠な基盤を強靭化することにより、いかなる状況

の下でも他国に過度に依存することなく、国民生活と正常な経済運営というわが国の安全保障の目的を実現することを意味している。また、戦略的不可欠性とは、国際社会全体の産業構造の中で、わが国の存在が国際社会にとって不可欠であるような分野を戦略的に拡大していくことにより、わが国の長期的・持続的な繁栄及び国家安全保障を確保すること」としたことによる。

また４本の柱とは「法制上の手当てが必要な喫緊の課題に対応するため、⑴重要物資の安定的な供給の確保、⑵基幹インフラ役務の安定的な提供の確保、⑶先端的な重要技術の開発支援、⑷特許出願の非公開に関する４つの制度を創設する」としたことによる[7]。

ちなみに、「本法律案提出の背景」では経済安全保障について次のように述べていた。「1982 年、通商産業省の産業構造審議会は、『経済安全保障の確立を目指して』という報告を行った。同報告では、経済安全保障とは、『我が国の経済を国際的要因に起因する重大な脅威から、主として経済的手段を活用することにより、守ること』とされた。その具体策として、①世界経済システム機能の維持・強化、②重要物資の安定供給の確保、③技術開発を通ずる国際社会への貢献が示された[8]」と。

しかしこれには技術開発を通ずる国際社会への貢献について「創造的な技術開発のたゆまぬ努力を基礎としつつ、…まず、技術開発の基本目的とし『人類共同の財産の構築』という視点を重視することである。資源、エネルギー、環境、等の諸制約が人類の将来に影を投げかけている今日、技術の力によってこれらを克服していくことが我々の生存と発展のための最大の課題であり、かかる技術は、人類共同の財産としていくべきである」が続いている。ここには「経済を武器に覇

7　https://storage.jimin.jp/pdf/news/policy/201021_1.pdf　2023 年８月１日閲覧。
8　同上「Ⅱ　本法律案提出の背景」。

権を争う[9]」姿勢は全くなく、人類共同の財産とする国際協調主義が鮮明にされている。政府の法律案提出時の背景説明には政策的に極めて不整合な引用であったといえる[10]。

⑴　サプライチェーンの多元化・強靭化

１本目の柱は第２章のサプライチェーンという「戦略的自律性」（守り）の枠組みとされ、特定重要物資の供給網の多元化・強靱化と政府の金融支援体制となっている。中国を念頭に置いた半導体・電池・レアアースや海洋開発・資源など特定重要物資は政府がその都度決めるとした。どのような物資が規制の対象になるのか、どのような範囲におよぶのか特定重要物資の定義がないだけに事業者の不安が広がるところであったが、政令「令和四年政令第三百九十四号経済施策を一体的に講ずることによる安全保障の確保の推進に関する法律施行令」で早くも指定がなされた。以下に列挙してみる。

一．抗菌性物質製剤、二．肥料、三．永久磁石、四．工作機械及び産業用ロボット、五．航空機の部品（航空機用原動機及び航空機の機体を構成するものに限る。）、六．半導体素子及び集積回路、七．蓄電池、八．インターネットその他の高度情報通信ネットワークを通じて電子計算機（入出力装置を含む。）を他人の情報処理の用に供するシステムに用いるプログラム、九．可燃性天然ガス、十．金属鉱産物（マンガン、ニッケル、クロム、タングステン、モリブデン、コバルト、ニオブ、タンタル、アンチモン、リチウム、ボロン、チタン、バナジウム、ストロンチウム、希土類金属、白金族、ベリリウム、ガリウム、ゲルマニウム、セレン、ルビジウム、ジルコニウム、インジウム、テルル、セシウム、バリウム、ハフニウム、レニウム、タリウム、ビスマス、グラファイト、フッ素、マグネシウム、

9　『朝日』デジタル版（2021 年 3 月 21 日）、甘利発言。
10　井原聰「経済安全保障戦略に動員される科学・技術、研究者」『世界』（2022 年 3 月）。

シリコン及びリンに限る。)、十一．船舶の部品（船舶用機関、航海用具及び推進器に限る。)

ここでリストアップされたかくも広範な物資がどのような基準で選ばれたのか、どのように規制されるのかは示されていないが、中国の資源の防遏（ぼうあつ）であることが読み取れる。各種資源の賦存状態は当然ながら偏在しており、従来、自由貿易主義、国際協調主義、国際商習慣、経済合理性による輸出入が基礎となってきた。こうした経緯を考慮せず米国の要請にしたがい中国を一方的に忌避する政策は緊張関係を作り出し報復を誘うだけである。事業者によっては営業秘密も含まれ、政府への報告義務も事業者の不安を呼ぼう。また、一～八の一般名称ではどこから何が規制をうけるのかさえ不明である。多元化といいつつ、実は中国や「価値観を異にする国」を排除する用語となっていることに注意が必要である。

国家の管理・統制の強化は産官癒着や産の官への忖度の温床となることが危惧される。

### ⑵　基幹インフラの供給・確保

２本目の柱は第３章で、これも「守り」で、基幹インフラの脆弱性を克服するという。そのインフラ整備の対象事業者を以下に列挙する。

電気事業、ガス事業、石油事業、水道事業、電気通信事業、放送事業、郵便事業、金融事業、クレジットカード事業、鉄道事業、貨物自動車運送事業、外航貨物事業、航空事業、空港事業

の 14 事業者である。

「社会基盤基本指針」では「インフラ事業者が利用する ICT 機器の高度化やそのサプライチェーンの複雑化・グローバル化を背景に、サプライチェーンの過程で不正機能が埋め込まれる可能性や、機器の脆弱性に関する情報がインフラ事業者の意図に反して共有される可能性等が高まっており、これらは、我が国の外部から、役務の安定的な提

供を妨害する行為の手段として使用されるおそれを増大させている」としている。これは米国の対中政策を受けて中国製ICT機器やソフトを排除しようとするもので、対象事業者の設備状況の報告、設備の更新や新規導入時に事前報告をさせ、時には規制措置をとるというものである。

中国製品を多用している事業者への規制はもとより、電気通信事業、放送事業、郵便事業をはじめ市民生活に深くかかわる上述の事業への踏み込んだ調査や規制が懸念される。加えてガス・電気事業の「規制」を通してエネルギー政策への介入も可能なことも危惧される。詳細な電子情報システム、ノウハウなどの経営上の秘密を含む報告を国にすることなどは企業の抵抗も大きい。大手企業を対象とするとはいえサイバー攻撃対応では下請け企業が対象となることも考えられ、多くの事業者が規制を受ける可能性がある。さらにはサイバーセキュリティ強化による企業活動の自由の制約、経営の効率化の劣化も危惧される。附帯決議では極力限定的にとされてはいるが歯止めや監査機構がないので、民の官への忖度、癒着や汚職の温床の危険性がある。経済安保法案のとりまとめ責任者だった藤井敏彦・前内閣審議官が国家公務員法・国家公務員倫理法違反で退職になった事例が早くも発生していることが象徴的である。

「守り」とはいえ、厳しい輸出入規制はアジアの緊張を高める「攻め」の対応となる。本法の仕掛け人の一人・甘利明前経済再生大臣は「『一国を殺すにはミサイルはいらない』のだ。戦略物資のサプライチェーンや備蓄制度の根本的な見直しを考えなければならない[11]」と述べ、経済安全保障を「攻め」の手段、対抗的手段として位置付け、結局は力と力のせめぎあいの緊張関係を作り出す愚策を主張していた。

11 『朝日』デジタル版（2021年3月21日）。

### ⑶　技術基盤－特定重要技術

３本目の柱は第４章の特定重要技術の開発支援で「攻め」の政策である。この柱の趣旨では「特定重要技術の研究開発の促進と成果の活用を図ることで、他国に優位する技術を保有し、社会実装につなげていくことは、国民生活の向上等にとどまらず、世界が直面する様々な課題への積極的な貢献等を通じて、国際社会において我が国が不可欠性を獲得していくことにつながるものである[12]」という。ここでいう社会実装とは「国民生活の向上に留まらず」、つまり民生部門にとどまらない分野での貢献を目指しているといえる。本来「世界が直面する様々な課題」といえば、気候変動・地球温暖化問題、核兵器廃絶問題を筆頭に、世界の貧困をなくす問題・食料不足問題・感染症問題…と喫緊の課題があげられるが、特定重要技術としては一顧だにされていない。ここで含意されているのは先端技術の武器技術への実装による軍事力の優位性で緊張を高める「攻め」の姿勢でしかない。「我が国が不可欠性を獲得していく」という意味不明なフレーズはゲームチェンジャー足り得る兵器開発を不可欠なものとしているとしか読めないのである。

### ⑷　特許非公開

４本目の柱は戦前の秘密特許制度の復活ともいえる特許出願の非公開である。2023年４月28日に閣議決定された「基本指針」は「特許法の出願公開の特例に関する措置、同法第三十六条第一項の規定による特許出願に係る明細書、特許請求の範囲又は図面に記載された発明に係る情報の適正管理その他公にすることにより外部から行われる行為によって国家及び国民の安全を損なう事態を生ずるおそれが大きい発明に係る情報の流出を防止するための措置に関する基本指針」（以下、

12　「特定重要技術の研究開発の促進及びその成果の適切な活用に関する基本指針」４頁（https://www.cao.go.jp/keizai_anzen_hosho/doc/kihonshishin3.pdf　2022年10月閲覧）。

非公開基本指針）と長大な名称がつけられている。

「外部から行われる行為によって国家及び国民の安全を損なう事態を生ずるおそれが大きい」というフレーズはここでは触れてこなかったが、経済安保法にかかわって随所に出てくるフレーズである。この特許の非公開でも使われているが、外部とは何か、安全を損なう事態とは何か、国民は二の次で国家の安全が先に語られることの意味は何か、いずれもが不明のままである。

特許非公開では「保全指定」という手続が行われるが「出願公開、特許査定及び拒絶査定といった特許手続を留保するとともに、その間、公開を含む発明の内容の開示全般やそれと同様の結果を招くおそれのある発明の実施を原則として禁止し、かつ、特許出願の取下げによる離脱も禁止するという制度[13]」であり、特許出願人に多大な不利益が生じる。発明のどの部分が秘密なのかも知らされないので、秘密を忖度せざるを得ず、研究発表の自由・研究交流の自由が規制され、かつ特許実施による利益が得られない。損失補償がなされるというが、「補償請求の理由や補償請求額の総額及びその内訳、算出根拠等を示し、その損失について補償を受けることの相当性を示す必要がある。例えば、実施の許可の申請時の事業計画等を基に補償を請求することが想定される。このとき、十分な根拠が示されていない損失については、補償の対象とならないこととなる[14]」十分な根拠は請求者が示さなければならず、その判定は補償をする政府サイドとなっている。そもそも、「保全指定」措置を監査する機関もなく一方的な査定となっており公平さがどう担保されるのかが全く不明であるとともに保全期間についても政府サイドの判断であり、補償を受ける期間さえ請求者には不明のままなので十分な根拠を示すことさえできない。

13 「非公開基本指針」5頁。
14 同上、25頁。

「機微性の程度と保全指定をすることによる産業の発達への影響等との総合考慮により、情報の保全をすることが適当と認められた場合に保全指定をするものと定めている[15]」。

いったい誰が機微性の程度と「産業の発達への影響との総合考慮」を行うのか、そのようなことが可能なのかが問題であるし、恣意的解釈が欲しいままといえよう。

以上、3、4 本目の柱はともに「戦略的不可欠性」という「攻め」の枠組みであり、武器の優劣を競う、力と力の対決の方策であり、いうなればすでに破綻した「抑止力論」の上にたっている。しかもこの政策の予算措置、特に重要技術開発は従来の科学技術予算を圧倒しており、日本の科学・技術の十全な発展や国際的な諸課題に対応する「科学技術政策」に大きな歪みを与えるものでもある。

## 2　特定重要技術開発研究

経済安保法により「経済安全保障重要技術育成プログラム（K Program）」（以下、K プロ）が 5000 億円（文科省：科学技術振興機構；以下 JST、2500 億円、経産省：新エネルギー・産業技術総合開発機構；以下 NEDO、2500 億円）の基金とともに創設され、「経済安全保障推進会議及び統合イノベーション戦略推進会議の下、内閣府、文部科学省及び経済産業省が中心となって、府省横断的に、経済安全保障上重要な先端技術の研究開発[16]」が開始された。安全保障推進会議のもとにある意味は多く語る必要はないが、経済安全保障上重要な先端技術とは、軍事技術そのものといってよい[17]。それは「中長期的に我が国が国際社

15　同上、6 頁。
16　「経済安全保障重要技術育成プログラムの運用に係る基本的考え方について」内閣総理大臣決裁（2022 年 6 月 17 日）2 頁。
17　安全保障の中で論じられる先端技術・先進技術、新興技術（emerging technology）はどれも軍事技術を意味すると解すべきだろう。米国では新基本技術 Emerging and Foundational Technologies は米国国防権限法 2019 の中の米国輸出管理改革法（ECRA）の Section 1758 で、

会において確固たる地位を確保し続ける上で不可欠な要素となる先端的な重要技術について、科学技術の多義性を踏まえ、民生利用のみならず公的利用につながる研究開発及びその成果の活用を推進するものである[18]」と述べているように、ここでいう公的利用は災害出動を出しに使った軍事利用が主眼なのである。ちょうどデュアルだとして民生用を出しに使って軍用開発を進めるのと同じ論法である。また随所で使われる「国際社会において確固たる地位」とは何を指すのかが語られないまま、先端重要技術開発の成果の活用が不可欠だという。「確固たる地位」とは軍事予算で世界第３位を目指すことなのであろうか。

重要技術の認定は「研究開発ビジョン」に基づくとされている。有識者等と関係府省から構成された「経済安全保障重要技術育成プログラムに係るプログラム会議」が、「研究開発ビジョン」を策定し、そのビジョンは国家安全保障会議で審議・決定するという。先端技術の調査や政策提言のためにシンクタンクを設置し、機微技術を開発する研究者には研究協議会を組織し、官民伴走して社会実装につなげるという。

### ⑴　特定重要技術の正体

「経済安全保障重要技術育成プログラムに係る研究開発ビジョンについて」に「様々な場（領域）で活用され得る、我が国にとって重要な先端技術を如何に見定めるか[19]」としてリストアップされた重要な技術を列挙しておく。

　バイオ技術、医療・公衆衛生技術（ゲノム学含む）、人工知能・機械学習技術、先端コンピューティング技術、マイクロプロセッ

---

国家安全保障に不可欠な技術とされている（「米国輸出管理改革法の新基本技術（Emerging and Foundational Technologies）新規制及びCISTECパブコメの概要」CISTEC調査研究部次長（国際担当）田上靖、2019年１月）ことから軍事技術（兵器技術）と解される。

18　注16の１頁。

19 「第１回経済安全保障重要技術育成プログラムに係るプログラム会議」（2022年６月21日）。

サ・半導体技術、データ科学・分析・蓄積・運用技術、先端エンジニアリング・製造技術、ロボット工学、量子情報科学、先端監視・測位・センサ技術、脳コンピュータ・インターフェース技術、先端エネルギー・畜エネルギー技術、高度情報通信・ネットワーク技術、サイバーセキュリティ技術、宇宙関連技術、海洋関連技術、輸送技術、極超音速、化学・生物・放射性物質及び核（CBRN）、先端材料科学

の20である[20]。元データはなんと「米国重要・振興技術（CET）国家戦略」（2020年10月公表[21]）を基礎に、内閣府がシンクタンク機能の試行事業（経済安保法成立前に前倒し実施！）として調査させたものである。重要技術のリストアップさえ自前では行わず米国の国家戦略と歩調を合わせている。米国の安全保障上の技術を摘み出し、化学・生物・放射性物質及び核（CBRNシーバーン）という軍事技術さえリストアップしている。これを科学技術イノベーション基本計画に照応させて海洋領域、宇宙・航空領域、領域横断・サイバー空間領域、バイオ領域（まさしく自衛隊の防衛領域）として領域ごとに重要技術を選定している。ここでリストアップされた項目は防衛装備庁が公募する安全保障技術研究開発推進制度の研究テーマともよく対応している[22]。

20 「提言　経済安全保障戦略の策定に向けて」新国際秩序創造戦略本部（2020年12月16日）では「①資源・エネルギーの確保②海洋開発③食料安全保障の強化④金融インフラの整備⑤情報通信インフラの整備⑥宇宙開発⑦サイバーセキュリティの強化⑧リアルデータの利活用推進⑨サプライチェーンの多元化・強靱化⑩わが国の技術優越の確保・維持⑪イノベーション力の向上⑫土地取引⑬大規模感染症への対策⑭インフラ輸出⑮国際機関を通じたルール形成への関与⑯経済インテリジェンス能力の強化となっていた。

21 Critical and Emerging Technologies List Update a Report by the Fast Track Action Subcommittee on Critical and Emerging Technologies of the National Science and Technology Council, p.2（https://www.whitehouse.gov/wp-content/uploads/2020/10/National-Strategy-for-CET.pdf　2021年10月閲覧）。

22 井原聰「軍事技術取り込みにはやる防衛省の研究開発―7年目の安全保障技術研究推進制度」『日本の科学者』Vol.57 No.3（2022年3月）。

### ⑵ はじまったK Programの公募・採択

Kプロは2022年度から開始されすでに公募がJST 3件、NEDOは8件となって、NEDOでは採択件数が早くも12件となっている（2023年7月現在）。「公募要項」には軍事利用に供することが明瞭に書かれているのでいくつかを列挙しておく[23]。

◯「海洋における脅威・リスクをはじめとする海洋状況の早期把握が肝要である」これは科学技術振興機構（以下、JST）が「無人機技術を用いた効率的かつ機動的な自律型無人探査機（AUV）による海洋観測・調査システムの構築」（研究開発構想（プロジェクト型）5年程度で80億円）プログラムの募集要項の一節である。

◯「災害・緊急時等に活用可能な小型無人機を含めた運行安全管理技術」（研究開発構想（プロジェクト型）①運行安全管理技術：1課題あたり最大50億円程度（間接経費含む）、②小型無人機技術：1課題あたり最大5億円程度（間接経費含む））JSTの公募要項の一節である。ここでいう小型無人機とはドローンであり、「緊急時」とは「防衛出動」のことである。

◯「多波長赤外線センサを構成する重要要素技術である赤外線検出器は、その熱源探知能力から弾道ミサイルや高速飛翔体の発射検知及び追尾、また暗視センサとして安全保障用途で使用することができる」これは新エネルギー・産業技術総合開発機構（NEDO）のKプロ公募要項「高感度小型多波長赤外線センサ技術の開発」（6年間で50億円）の一節である。

◯「我が国の安全保障活動において、海洋における脅威・リスク等の早期察知に資する情報収集体制に関連して、『すべての船舶の動静が把握されている状況ではない』現状を抜本的に改善する宇宙インフラを活用した自律的な海洋状況把握（MDA、Maritime Domain

---

23　JST、NEDOともに公募情報一覧より。

Awareness）能力」これはNEDOのKプロ公募要項「船舶向け通信衛星コンステレーションによる海洋状況把握技術の開発・実証」（8年間で147億円）の一節である。

◯「宇宙領域における通信・観測・測位を担う衛星コンステレーションは、防衛、海洋、防災、環境など様々な分野での利用拡大が見込まれていることから、宇宙通信インフラを他国に依存することなくこれを自律的に構築する能力をもつことは重要」これもNEDOの公募要項「光通信等の衛星コンステレーション基盤技術の開発・実証」（8年間で60億円）の一節である。

防衛装備庁の安全保障技術研究推進制度でさえ公募に当たっては「基礎研究」だと言い張って、軍事研究ではないとして公募の敷居を下げようとしてきた。この制度はすでに発足以来9年がたったが、これをめぐって日本学術会議が「軍事的安全保障研究に関する声明」（2017年3月）を出したのも記憶に新しい。

JSTやNEDOのように各種の委託研究を配分する機関があからさまに軍事研究開発の公募を行ったのである。JSTやNEDOは日本学術会議が指摘した研究資金の入り口が軍事関係ではないので、緊張関係にはなく、応募に対する敷居は高くないことで、明示したのかもしれない。

### ⑶　研究協議会・シンクタンクの役割と問題点

Kプロの特徴は「シンクタンク」を設置し「研究開発ビジョン」のための調査・解析を行わせる（経済安保法第64条）とともに「研究協議会」（同第62条）、「指定基金協議会」（同第63条）を設置し、官民伴走して「一気通貫」に社会実装することにある。研究協議会についてはその後「特定重要技術の研究開発の促進及びその成果の適切な活用に関する協議会の設置等に係るガイドライン」や「特定重要技術研究開発協議会規約（モデル）」が矢継ぎ早に作られパブコメにかけられた。

「研究協議会」は総理大臣が組織し、研究開発に有用な情報の収集、整理及び分析、研究開発の効果的促進の方策、研究開発の内容及び成果の取扱い、政府から与えられた情報の適正管理を行うものとされる（同第62条3、4項）。その具体的構成員は「関係行政機関の長又はその職員、研究開発の実施者、連携相手となる研究機関又はその役職員、シンクタンクやその役職員、さらには、資金配分機関又はその役職員、その他民間企業を含む社会実装に関係する者等[24]」を想定するとされているので、形式的なメンバーも含めると総理大臣、担当大臣、関連議員、関連省庁の官僚、シンクタンク、民間人、研究代表者、研究従事者、実務担当者、大臣が必要と認めた者等…によって研究開発活動が推進されることとなる。研究代表者が研究協議会設置を承諾した時に、研究プロジェクトごとに協議会が設置される。協議会には研究開発に有用な政府のもつ機密情報が守秘義務付き（罰則付き）で提供され、政府及び関連する企業の伴走支援がなされ、指定基金協議会（研究資金の配分に関わる協議会）が設置されれば、潤沢な資金も与えられるので、協議会設置の申し入れを断るのは困難であろう。むしろこうした好条件を目指して研究者がKプロに応募してこよう。

機密情報に関わって「特定重要技術研究開発協議会規約（モデル）（案）には、秘密条項などがあり、研究を縛るもので研究の発展を妨げる」というパブコメの意見に対して「関係行政機関が保有するニーズ情報や民間企業等の情報セキュリティのインシデント情報など、研究開発等には有用であるが通常であれば国家公務員法の守秘義務等により研究者に共有できない機微な情報の共有を可能とするためのものです」という[25]。研究に有用だと強弁し、国家公務員法では縛れない守秘

24 「重要技術基本指針」11頁。
25 「経済施策を一体的に講ずることによる安全保障の確保の推進に関する法律第62条第1項に規定する協議会に関する協議会モデル規約（案）に対する意見募集の結果」16番回答。

義務を研究者にかけることが出来ると本音を述べていることも注意しておきたい。

しかし、政府及び関連する企業の研究者が伴走支援してくれる研究開発体制は研究者にとって大いに魅力あるものといえよう。協議会の審議は「構成員の全会一致[26]」で会議を進めることともなっている。研究者以外はおそらく利益共同体であり、研究者が孤立的存在になることも危惧される。

この協議会から途中で離脱することができ、政府から不利益をうけることはなく、秘密情報にアクセス出来ないがその研究に留まれる[27]、とされている。デュアルだが民事用として始めた研究が、途中で軍事利用が明瞭になり離脱を申し出た場合、それが研究代表者であった場合はどうなるのかは不明である。代表者を変更してしまうことも可能な「研究開発等を代表する者として相当と認められる者[28]」とする記載もある。そもそも研究自体の中止を申し出た場合はどうなるのかは全く不明である。

ユネスコの「科学及び科学研究者に関する勧告」（2017 年 11 月）に「『軍民両用』に当たる場合には、科学研究者は、良心に従って当該事業から身を引く権利を有し、並びにこれらの懸念について自由に意見を表明し、及び報告する権利及び責任を有する」とある。筆者は衆議院内閣委員会の参考人として（「同委員会議事録」2022 年 3 月 30 日）およびパブコメでもこれにどう対処するのかを問うたが「本法の協議会に参加する研究者は協議会への参加を強制されるものではなく、参加後に離脱することも可能です[29]」との見解がパブコメで示された。ユネスコの勧告を守らない研究者がいても政府にはかかわりがないとい

---

26　「重要技術基本指針」規約、12 頁。
27　同上。
28　「技術基本指針」10 頁。
29　「重要技術基本指針パブコメ意見募集の結果」216 番、218 番の政府側意見。

うのであろう。「軍事研究に従事しない」とする研究者倫理や大学の理念等を制定している大学等も少なくないが、離脱しなければユネスコ勧告や大学の倫理等の違反になることも起こり得る。板挟みになる研究者も出てくる。当然ながら研究者個人の倫理問題にすり替えることはできない。研究協議会に参加する場合には、軍事研究の可能性があることを明示しておく必要があり、先に引用した公募要項にその旨が記載されたのもこの事情によるのかもしれない。

このプログラムを通じてなし崩し的に大学や研究機関を軍事研究に取り込むことがあってはならない。なお、秘密情報に係る研究成果の発表には規制がかかり、発表や表現の自由が規制されるだけでなく、公安調査庁、警視庁、内閣情報調査室等々の監視の目が光ることになる。プログラムの運営に当たっては、「研究代表者及び主たる研究分担者が安全管理措置を十分に講じられる者である必要がある。また、安全保障貿易管理や営業秘密保護に関する法令上必要な取組、研究インテグリティとして求められる取組及び安全管理措置についても、これらの者が所属する機関において適切に取り組むことが求められる[30]」とあり、セキュリティ・クリアランスのチェックを大学・研究機関・企業等に求めることになる。

シンクタンクの機能として研究者データの収集・分析、研究成果の収集・分析による先端技術開発、ゲームチェンジャー技術を目利きし、特定重要技術になるものを抽出・選考を行わせ、加えて政策提言までさせるという。すでに前倒しで設置されたシンクタンクではあるが、大学教員の研究評価情報、競争的研究費への応募時の研究者の個人情報、技術開発情報などがシンクタンクに集約され、「知」の独占的収集・管理につながる。シンクタンクを通してアカデミアが政府の監視下に置かれる危険性を排除しなければならない。またシンクタンクに優秀な

30　同上。

人材を吸引するために博士号を出せるような仕組みに将来したいともいう。政治と学位授与が直結する危険は避けなければならないが、米国の国家安全保障科学技術局（DARPA）やRAND研究所のような軍事研究システムの構築が目指されている。

## 3　セキュリティ・クリアランス（SC）と特定秘密保護法

### (1)　SC制度の狙い[31]

岸田内閣総理大臣は2023年２月14日の経済安全保障推進会議で「『セキュリティ・クリアランス』を含むわが国の情報保全強化は、同盟国や同志国などとの円滑な協力のために重要で、こうした制度の整備は産業界の国際的なビジネスの機会の拡充にもつながる」と述べた。そして「主要国の情報保全の在り方や産業界などのニーズも踏まえ、制度の法整備などに向けた検討を進める必要がある」として、あたかも経済政策かのような印象操作を行って、高市経済安全保障担当大臣のもとに、今後１年をめどに制度創設に向けた検討作業を進めるよう指示した[32]。

高市大臣もこれを受けて満を持したように「主要国の情報保全の在り方や産業界等のニーズを踏まえ、セキュリティ・クリアランス（以下、SC）制度等について検討を行う」として、「経済安全保障分野におけるSC制度等に関する有識者会議」（図表３－２）（以下、SC有識者会議）を設置し、２月24日第１回の会議を皮切りに、６月までに６回を開催し、６月６日には「中間論点整理」を発表し、10月16日には第７回が開催された。SCの法制化は産業界のためになることを強調しているが、軍事技術に関わる機微情報の保全に大きな狙いがあり、特定秘密保護法ではカバーできない特定秘密の対象分野や対象者、罰則をは

31　井原聰「大軍拡の中で急がれるSC制度化の危険」『経済』（2023年９月）を参照。
32　「経済安全保障推進会議」首相官邸2023年２月14日（https://www.kantei.go.jp/jp/101_kishida/actions/202302/14keizaianpo.html。2023年８月１日閲覧）。

**図表3－2　経済安全保障分野におけるセキュリティクリアランス制度に関する有識者一覧（2023.2.24）**

| 氏　名 | 現　職 | 元職等 |
|---|---|---|
| 梅津英明 | 森・濱田松本法律事務所パートナー弁護士 | 経済安保辣腕弁護士 |
| 北村　滋 | 北村エコノミックセキュリティ代表 | 元警察官僚、元国家安全保障局長、経済安保推進、SC 推進 |
| 久貝　卓 | 日本商工会議所常務理事 | 財界 |
| 小柴満信 | 経済同友会副代表幹事 | 財界 |
| 境田正樹 | TMI 総合法律事務所パートナー弁護士 | 元東大理事、元スポーツ審議会委員 |
| ○鈴木一人 | 東京大学公共政策大学院教授 | 経済安保法推進論者 |
| 冨田珠代 | 日本労働組合総連合会総合政策推進局総合局長 | 自動車総連、金融審議委員 |
| 永野秀雄 | 法政大学人間環境学部教授 | 秘密保護法賛成・チェック機関の創設 |
| 原　一郎 | 一般社団法人日本経済団体連合会常務理事 | 財界 |
| 細川昌彦 | 明星大学経営学部教授 | 元経産省貿易管理部長 |
| ◎渡部俊也 | 東京大学未来ビジョン研究センター教 | 知財学会会長・産学連携 |

◎座長、○座長代理
利益相反が如何に処理されているのかチェックが不可欠

（第1回有識者会議資料より、井原作成）

るかに拡大しようとするものである。それは、SC 有識者会議に配布された資料からも読み取ることが出来る。SC とは「国家における情報保全措置の一環として、①政府が保有する安全保障上重要な情報を指定することを前提に、②当該情報にアクセスする必要がある者（政府職員及び必要に応じ民間の者）に対して政府による調査を実施し、当該者の信頼性を確認した上でアクセス権を付与する制度、③特別の情報管理ルールを定め、当該情報を漏洩した場合には厳罰を科すことが通例」と記されている[33]。

33 「SC 有識者会議」第2回資料。

### ⑵　米国のSC制度について

SC制度を早くから確立してきた米国ではSCを「連邦政府の職員もしくは連邦政府の民間請負事業者の個人が秘密情報を取り扱う適性がありと政府が認定する職業資格」[34]としている。取り扱う機密レベルによってTop secret（機密）、Secret（極秘）、Confidential（秘）のほかにTop secretの上にさらに上級の資格があるようであり、上級になるにしたがって俸給も高くなる。またSCではないが管理された格付け情報CUI（Controlled Unclassified Information）のカテゴリーもある。

機密指定の対象分野は⒜軍事計画、兵器システム、または作戦、⒝外国政府の情報、⒞諜報活動（秘密活動を含む）、諜報源または方法または暗号技術、⒟米国の対外関係または対外活動（秘密情報源を含む）、⒠国家安全保障に関する科学的、技術的又は経済的事項、⒡核物質又は核施設を保護するための合衆国政府のプログラム、⒢国家安全保障に関連するシステム、施設、インフラストラクチャー、プロジェクト、計画又は保護サービスの脆弱性又は機能、⒣大量破壊兵器の開発、生産または使用の多岐にわたっている[35]。

機密情報を指定できるのは大統領、副大統領、各省庁の長官であり、指定にも一定の制約がかけられている。この機密情報にアクセスするために、資格申請が必要で申請者は身上調査を受けなければならない。その調査内容は①暴力的な政府転覆活動・テロ等への関与、②外国との関係、③犯罪歴、④民事訴訟、⑤情報通信関係の非違歴、⑥薬物の濫用、⑦精神の健康状態、⑧アルコールの影響、⑨信用状態、⑩知人の連絡先、家族・同居人に対して氏名、生年月日、国籍、住所、社会保障番号等、申請者本人との面談、友人や同僚、家主、隣人等への照

34　a）Presidential Decree No.12968、Michelle D. Christensen, “Security Clearance Process: Answers to Frequently Asked Question,”　b）Presidential Decree No.13526。

35　The President Executive Order 13526、Sec.1.1.(4)（https://www.archives.gov/isoo/policy-documents/cnsi-eo.html#one. 2022年12月8日閲覧）。

介やポリグラフ検査を実施する行政機関もあり、さらにソーシャルメディアの情報活用まで行われることがあり[36]、申請者に繋がる第三者の基本的人権をも侵害するような内容となっている。調査は、かつては省庁の長が行っていたが、今日では国防総省の国防カウンターインテリジェンス・保全庁が一元的に実施しているが、CIA や FBI は独自に調査しているという。

このSC制度は大統領令第12968号（クリントン大統領、1995年8月）、大統領令第13526号（オバマ大統領、2009年12月）によって根拠づけられ、大統領令第13526号では「国家安全保障に関連する科学的、技術的又は経済的事項に関する情報」（第14条(e)）により連邦政府は、研究内容がこの大統領令に該当する場合、研究は機密指定を受け、これに従事する研究者はSCの取得が必要とされている。科学技術の発展には研究成果の自由な発表やオープンな研究環境が不可欠であることから、明らかに国家安全保障と関係のない基礎的な研究の機密指定を禁止し、研究成果が研究コミュニティ内で広く公表・共有されるものを「基礎的研究（Fundamental Research）」と定義し、その成果は原則として政府による公開制限を受けないとされている。また、大学では機密指定された研究を一般のキャンパス内で行うことを禁止し、物理的に離れた研究施設でSCを受けた研究者、管理者、建物で研究を実施するものとされ、研究成果の公開の制限、業績評価の機会がなくなるためSC認定者は優遇措置がなされている。これは1982年、日本の学術会議に相当する全米科学アカデミーと国防総省との間で設置されている「科学・工学・公共政策委員会」の下に「科学的コミュニケーションと国家安全保障に関するパネル」で旧ソ連への技術流出と研究者の研究の自由とのかかわりを検討したパネルの提言によって

36 Defense Counterintelligence and Security Agency（https://www.dcsa.mil/Personnel-Security/ 2022年12月8日閲覧）。

NSDD-189（基礎研究の免除に関するホワイトハウス1985年指令）に反映され、基礎研究の発表の自由が保障されたという[37]。

SC制度の監視機関の役割を全米科学アカデミー等が果たしているのか定かではないが、日本ではそうした役割をもちうる学術会議を解体しようと政府・与党が目論んでいる。なお、米国では監視機関として大統領インテリジェンス問題諮問委員会、連邦プライバシー・市民自由監視委員会、首席監察官、国家情報長官室自由権保護官などがある。

機密指定とキャンパス外研究施設使用は2000年代に多発したテロ事件を契機に生物化学兵器（炭疽菌）など生命科学が機密指定（バイオテロ対策）の対象となり、全世界的にバイオテロ対策が検討され、日本でも日本学術会議が「提言　病原体研究に関するデュアルユース問題」「報告　科学・技術のデュアルユース問題に関する検討報告」などを出している。なお、SCは人だけではなく施設あるいはサイバーセキュリティの3種類の信頼性チェックがある。

### ⑶　日本版SC制度―特定秘密保護法

国民の大反対を押し切って2013年12月に成立し、2014年12月に施行された「特定秘密の保護に関する法律」（以下、保護法）は対象が防衛、外交、特定有害活動の防止、テロリズムの防止という4分野で、対象者は公務員（主に国家公務員、自衛官、警察官等）や政府関連事業者の従業員で、機密、極秘、秘という米国のような3段階の設定はなく「秘」だけで、罰則は最高10年である。

その第1条には「我が国の安全保障（国の存立に関わる外部からの侵略等に対して国家及び国民の安全を保障することをいう）に関する情報のうち特に秘匿することが必要であるものについて…当該情報の

---

37　Scientific Communication and National Security, 1982.（https://nap.nationalacademies.org/read/253/chapter/1Executive Summary より Fundamental Research Security、https://www.nsf.gov/news/special_reports/jasonsecurity/JSR-19-2IFundamentalResearchSecurity_12062019FINAL.pdf. 2022年12月8日閲覧）。

保護に関し、特定秘密の指定及び取扱者の制限その他の必要な事項を定めることにより、その漏えいの防止を図り、もって我が国及び国民の安全の確保に資することを目的とする」とある。「国の存立に関わる」とは何か、「外部からの侵略」とは何か、「特定秘密」とは何かなど、ここでも基本的な事柄の定義が不明のまま、その取扱者が特定秘密を「漏らすおそれがないことについての評価」（保護法第12条）を実施している。これを「適性評価」というが、いわゆる身辺調査である。保護法第11条に調査項目が列挙されているが、先に挙げた米国の調査項目と全く同じである。

「①暴力的な政府転覆活動・テロ等への関与、②外国との関係、③犯罪歴、④民事訴訟歴、⑤情報通信関係の比違歴、⑥物の濫用、⑦精神の健康状態、⑧アルコールの影響、⑨信用状態、⑩知人の連絡先家族・同居人に対して氏名，生年月日，国籍，住所，社会保障番号等（本人の同意を得て）」

本人の同意を得てとはあるが、本人につながる家族、親族、隣人、同居人等の身辺調査もあり得るので、思想調査や人権侵害という憲法違反のおそれがあり、もっかのところ日本版SCとみてもよい。

## 4　SC有識者会議の議論の特徴

### ⑴　米国のSC制度を順守せよ

第1回目の自由討論の中から有識者たちの声を拾っておく。[38]

「肝は『相手国から信頼されるに足る実効性のある制度』という点であり、日本だけの内輪の議論で制度を決めても、米国を始めとする諸外国に信頼されるものでないと意味がないのではないか、という問題意識を持っている」、また「ITインフラ、サイバーセキュリティに関しては、今までとは違うレベルのセキュリティが必要となっ

38 「SC有識者会議」第1回議事要旨（2023年2月22日）。

てくる。また、これらに関わる研究機関、特に国研や大学における留学生を含む人たちのバックグラウンドチェックや継続的なモニタリングといったものが新たに求められるようになってくる」「経済安全保障分野におけるセキュリティ・クリアランス制度等を検討するに当たっては、米国における同様の制度を参考にして検討すべきであると考えている。なぜならば、我が国の企業が米国政府の機微な情報を扱う調達案件の入札に参加しようとする場合、米国のセキュリティ・クリアランス制度を遵守しなければならないし、量子暗号のような国家安全保障に関わる機微技術に関して米国との国際共同研究を推進する場合も同様であると思う。…今回の法制度検討に当たり、米国の機密情報に対応したセキュリティ・クリアランスのみならず、機密情報には該当しないものの一般市民への情報開示が制限されるCUI（Controlled Unclassified Information）、すなわち管理された格付け情報と呼ばれる米国の情報保全制度に対応した制度を構築する必要があると考えている。特に日本企業による米国政府調達の入札要件として必要になる。なお、このCUIに関する情報保全制度は、米国では一般に『セキュリティ・クリアランス』とは呼ばれていない」。

米国追随もここまでくると属国として宗主国にお伺いをたてる卑屈な議論としかいいようがない。

### ⑵　SC制度設計の基本論点

どのような企業の発言かは不明だが「国の保有する防衛関連の機密情報（Classified Information：以下CIとする）の民間開示を拡大する制度見直しを要望…防衛以外の官民の国際共同開発案件においても日本企業が円滑に当該プロジェクトに参加するにはSC制度が必要」とする要望とともに、「SC付与の審査基準の明確化（人と施設に関する情報保全義務の内容明確化）、SC対象となる人物のバックグラウンド調査は国が実施、政府の一元的窓口の設置（審査の一本化)、契約単位の適合事業者・従業者指定から、資格要件に基づいた有期の指定に変更、SC の有効期間、失効要件、違反時の罰則の明確化、制度の周知徹底を通じた官民双方の“情報保全”能力の向上、SC の対象となる政府保有 CI にとどまらない“情報保全関連制度の鳥瞰的な整理”」などSC の基本論点の要望が出されている。

#### ⑶ 研究者の軍事研究施設への移籍

匿名記述が多いのだが、ここでは永野委員が実名で発言している。SC 制度実施に当たっては何らかの運用マニュアルのようなものが必要になるのではという問いに、永野委員は「法令において別表等の形式により、可能な限り明確に対象となる情報類型を列挙するべきであると思う」と答え、また「一般の大学に所属し、将来的にセキュリティ・クリアランスが必要となる情報に接することに同意していただける研究者の方は、法人に対してセキュリティ・クリアランスを実施することができる国立の研究機関や民間企業に移っていただくしかないと考えられる」「移籍していただく研究者の方には、報酬、研究費、必要となる施設などの面で十分に処遇する必要がある。研究機関については、アメリカにおいてもリサーチ・インテグリティをいかに保全していくかが大きな課題となっており、かつこの点が一番弱いと言ってもいい。この辺りを我が国でどのように対応していくかは大きな課題」だとして、施設の SC が得られなかった大学や研究機関は SC を得た研究環境（例えば防衛研究所、軍需企業）に移籍すべきであるという。

#### ⑷ 制度設計の留意点

意見交換では「根源的な問としてサイバーセキュリティにおけるインシデント情報は国家機密なのかという問題がある。サイバー攻撃は政府も攻撃されるし民間も攻撃される。インシデント情報やこれを惹起するマルウェア情報について、国が攻撃された場合は国が持っていて、民間企業が攻撃された場合は国家機密では無いということになってくる。また、インシデント情報は、発生してすぐ共有するのが重要」…「攻撃情報は今後の防御なり対応に役立つ情報なので、被害者情報と切り離す形で報告・共有する枠組みを考えていこうという取組もいま議論されている」との見解が示された。

ある企業からの要望として「国家間のセキュリティ・クリアランスの相互認証をもとめ、政府間の枠組みの下で、欧米国家機関と日本民間企業との情報交換が可能となる関係性や政府の情報保全制度の明確化を求める。…民間会社間の信頼関係に基づく情報交換では、情報量と多様性等に限界があり、政府が保証する情報共有に期待する」という。もう一社は「①日本国のクリアランスをクリアすれば、米国等の政府や企業に受け入れられる制度とすること、②米国でのセキュリティ・クリアランスを取得した場合、日本でも有効とすること、③セキュリティ・クリアランス制度導入により、人権問題が生じることがないよう、政府の責任に於いて曖昧さのない明確な制度となるように法制度上担保すること。則ち、民間企業の裁量・判断に委ねることのない法制度とすること。行政指導によらないこと。背景調査を求める場合は、政府の責任で調査すること。官民間の情報共有の活性化には、秘密保持義務などの取り決めやルールが必要であり、情報共有リスクへの懸念払拭が前提」と企業の懸念事項が列挙され、制度設計の留意点が提起された。

### ⑸ 「中間論点整理」

「中間論点整理」は上述のような見解をとりまとめたきわめて簡単なものになっている。「1. セキュリティ・クリアランス制度に関する必要性、2. 新たな制度の方向性、3. 具体的な方向性、4. その他」というもので、1. は経済安全保障推進法の附帯決議および国家安全保障戦略に書き込まれた情報保全を引用したもの。2. は「⑴CI を念頭に置いた制度、⑵主要国との間で通用する実効性のある制度、⑶政府横断的・分野横断的な制度の検討」についてとりまとめたものとなっている。ここでCIとは（Classified Information）「政府が保有する安全保障上重要な情報として指定された情報」を指す。なによりも米国との通用性について述べるとともに、国内にあっては政府かつ分野横断的な建付けを確認している。3.は「⑴情報指定の範囲CIを念頭に置いた制度、⑵信頼性の確認（評価）とそのための調査、⑶産業保全（民間事業者等に対する情報保全）、⑷プライバシー等との関係、⑸情報保全を適切に実施するための官民の体制整備を検討」するというもので、法体系としてどのように編成されるのかは不明であるが、改訂される法律は経済安保法、特定秘密保護法、国家公務員法はいうに及ばず極めて広範な分野の法改正が束ね法案として出されることが予想される。

## 5　学術研究体制変質の危機

### ⑴　進む研究環境の監視体制づくり

特許非公開にかかわる研究の発表差し止めは、研究の自由を侵害し、研究交流を制約し、学術の発展を阻害する可能性が大きい。非公開はグローバル化、オープンサイエンス化（インターネット上で研究の成果やデータを共有する科学の新しい進め方）に逆行し、国際的な研究交流を阻害し、大学・研究諸機関・企業の諸活動を制約することが多く、研究者を萎縮させ、人権を侵害しかねない。研究者とのコミュニケーションなしに、しかも監査機関なしで、一方的な非公開指定は回避されなければならない。

軍事機密に触れるか否かの認識を高めるためには研究インテレクティ（研究の健全性、公正性）の整備やFD（ファカルティ・ディベロップメント；大学教員の“教育力向上”のための取り組み）による啓蒙活動によるというが、安全保障の専門家（軍事技術に通暁し、将来、先端技術による兵器に育つか否かを目利きする専門家）からなるシンクタンク等による「指導」やチェックも想定される。これは防衛（軍事）関係者による研究の管理・統制へとつながる恐れがある。すでに防衛装備庁には2021年度に技術戦略部革新技術戦略官、技術連携推進官の二つのポストが新設された。革新技術戦略官は「国内外にどのような先端技術があるかを広く集めて分析し、装備品開発の方針を定める。研究領域にはAIや極超音速ミサイル、高出力レーザー、攻撃型ドローンへの対処技術などを想定する。情報収集のため外部の研究機関や大学などから特別研究官を登用する。産業界や学術界で登場する新たな技術を発掘し、総括官に情報を上げる」。技術連携推進官は「民間の基礎研究を防衛技術に育てる業務にあたる。"安全保障技術研究推進制度"など政府の制度活用を促す。新たな体制全体を"技術シンクタンク"と位置付け外部の研究機関との連携も強化する。防衛装備庁では産業界や学術界の民間技術について調査し、データベースの作成を進めている。国内外の先端技術の情報を分析し、将来の自衛隊に必要な分野を的確に選ぶ『目利き』の役割が必要とされている」という[39]。

一方、公安調査庁は「外国為替及び外国貿易法」違反の取り締まりの強化を、警視庁公安部は「経済安全保障戦略会議」を設置し経済安全保障の取り締まりの強化に臨んでおり，研究環境を監視するシステムづくりが進んでいる。

#### ⑵　日本の学術研究体制の変質の恐れ

SCはKプロだけが対象ではなく、政府資金による研究成果の中に先に触れたように機微技術を探し出し、その流出を防ぐことも対象である。機微技術（軍事技術）の芽を探索し、秘密指定し、国家がその研究や研究者を囲い込むシステムだからである。そして、これを可能

39 『日経』2020年12月2日から役職を推定。

にするために「政府としては、研究者及び大学・研究機関等における研究の健全性・公正性（研究インテグリティ）の自律的な確保を支援すべく、研究者、大学・研究機関等、研究資金配分機関等と連携[40]」しながら、情報収集と管理統制を研究の健全性・公正性（研究インテグリティ）の名のもとに行い、そのガイドラインの雛型の作成に着手している。競争的研究費事業に関わる共通的ガイドラインの策定[41]や「令和4年度研究インテグリティフォローアップ調査結果」でも知れるように大学・研究機関の詳細な情報が集約されはじめている[42]。

雛型の具体的検討は2020年9月から政府の委託事業として民間の「PwCあらた有限責任監査法人」によって、研究者が守るべき研究インテグリティについて議論がすでになされている。そこでは成果の公開を前提として基礎基盤研究等に関する、技術、研究データ、研究情報等が国外に「不適切」に流出する事態を防ぐための方策が検討されている。日本の基礎基盤研究に関わる問題を民間法人に事業委託し内閣府の監督権を確保するというアカデミアを無視した動きは、日本の学術研究体制を変質させる恐れがある。

研究の成果や技術が意図に反して大量破壊兵器等に転用される可能性を踏まえて、大学・公的研究機関等が機微な技術を組織内において適切に管理するための体制整備を支援するとしているが、これまで機微技術といえば核、ミサイル、化学兵器等大量破壊兵器に繋がる技術であったが、「科学技術の多義性」（軍用、民用の両用性）を根拠に、先進的科学・技術の早期取り込みを図って、将来ゲームチェンジャーとなりうる兵器の開発や非対称な革新的兵器となりうる研究成果やデー

---

40 「研究活動の国際化、オープン化に伴う新たなリスクに対する研究インテグリティの確保に係る対応方針について」統合イノベーション戦略推進会議決定（2021年4月27日）。
41 「研究インテグリティの確保に係る対応方針（概要）」（2022年9月）。
42 井原聰「研究の自由を侵害し、研究者を萎縮させる新たな策謀？―研究インテグリティを考える」軍学共同反対連絡会 NL.60。

タを見つけ出し、機微技術の範囲を大幅に広げることが予想されるとともに、研究や研究者が防衛省や軍事産業に紐づけされる可能性も考えられる。

## おわりに

ウクライナ問題、米中対立、北朝鮮のミサイル開発などを口実に米国追随の大軍拡政策をひた走る現政権は経済施策の装いを前面に立てて、サプライチェーン、インフラ事業の強靭化、管理・統制体制を準備しつつ、本丸の軍事技術開発と軍事産業基盤の構築を進めている。このためにSC制度の法制化をどのように行うのかが注目されるところである。特定秘密保護法の「改訂」なのか、経済安保法の「改訂」なのか、高市担当大臣は個人的にはとして経済安保法の「改訂」をにおわせている[43]。特定秘密保護法の反対運動の盛り上がりを経験した政権としては、大多数の野党が賛成した経済安保法の「改訂」でいくのが得策なのかもしれない。

私はSC制度の法制化反対はいうまでもなく、特定秘密保護法や経済安保法の廃案を強く主張したい。

43　TBS NEWS DIG 2023.8.1「高市大臣「特定秘密保護法での対応考えていない」セキュリティ・クリアランス制度の法制化めぐり」（https://newsdig.tbs.co.jp/articles/-/635853　2023年8月1日閲覧）

# 第4章

# 国家が軍事産業を育成・強化する「防衛産業強化法」と国家機密の拡大

前田定孝

## はじめに

「防衛省が調達する装備品等の開発及び生産のための基盤の強化に関する法律」(以下、防衛産業強化法)が6月7日に成立し、10月1日に施行された。軍需産業支援法とも軍事産業基盤強化法とも略称されるこの新法は、自由民主党、立憲民主党、日本維新の会、公明党および国民民主党等の賛成、日本共産党とれいわ新選組の反対で、粛々と(あるいは淡々と)可決成立した。

「平和国家から死の商人国家への堕落」——5月30日の参議院外交防衛委員会での杉原浩司参考人の発言である。

その内容を見ると、「防衛産業」を「産業分野」として育成・強化することで防衛装備品等の安定的な製造を確保しつつ外国への移転(輸出)を進めつつ、同時に「装備品等に関する契約における秘密の保全措置」について規定する。それは、2015年に発足した防衛装備庁の安全保障技術研究推進制度や、あるいは2022年の成立した経済安全保障推進法でいう「特定重要技術の開発支援」(同法2条2項)との関連において、その業界に従事する労働者に対するさまざまな監督・調査を通じたプライバシー等への侵害や、そこで実施される研究活動に関連してアカデミアとの関係においても重大な懸念がもたれる。

# 1　防衛産業強化法とは

## ⑴　制定された法律の概要

防衛産業強化法は、「我が国を含む国際社会の安全保障環境の複雑化及び装備品等の高度化に伴い、装備品等の適確な調達を行う」ことが必要な情勢のもとで、「装備品製造等事業者の装備品等の開発及び生産のための基盤を強化することが一層重要となっている」との認識のもとに、国内の軍事産業を「防衛力そのもの」と位置づけ、「我が国の平和と独立を守り、国の安全を保つ」目的のために、⑴「装備品製造等事業者による装備品等の安定的な製造等の確保及びこれに資する装備移転を安全保障上の観点から適切なものとするための取組を促進するための措置」、⑵「装備品等に関する契約における秘密の保全措置並びに装備品等の製造等を行う施設等の取得及び管理の委託に関する制度」を規定する（同法１条）。

本法でいう「装備品等」とは、「自衛隊が使用する装備品、船舶、航空機及び食糧その他の需品（これらの部品及び構成品を含み、専ら自衛隊の用に供するものに限る）をいう」とされる（２条１項）。「装備移転」とは、「装備品製造等事業者が我が国と防衛の分野において協力関係にある外国政府に対して行う装備品等と同種の物品の有償又は無償による譲渡及びこれに係る役務の提供をいう」（２条４項）。そして防衛大臣は、「装備品等の開発及び生産のための基盤の強化に関する基本的な方針」を定め（３条１項および２項）、これを「公表しなければならない」（同条３項）。

また装備品等の製造等を行う装備品製造等事業者には、「指定装備品等の製造等に必要な原材料、部品、設備、機器、装置又はプログラムであって、その供給が途絶するおそれが高いと認められるものの供給源の多様化若しくは備蓄」・「当該指定装備品等の製造等における当該原材料等の使用量の減少に資する生産技術の導入、開発若しくは改良をすること」(4条1項1号)、「指定装備品等の製造等を効率化するために必要な設備」の導入（同項2号)、「当該装備品製造等事業者におけるサイバーセキュリティ」の強化（同項3号）が求められる。さらに特定の指定装備品の全部または大部分の製造をすでに行っている装備新製造事業者等が「当該指定装備品等の製造等に係る事業を停止する場合」において、その製造事業の継続性の確保を意図して「当該他の装備品製造等事業者から当該事業の全部若しくは一部を譲り受ける」、または「当該指定装備品等の製造等に係る事業を新たに開始すること」(同項4号）の「いずれかに関する計画」(「装備品安定製造等確保計画」)を防衛大臣に提出し、その認定を受けることができるとされる（同条1項柱書き)。

また防衛大臣は、装備品の安定供給を確保するために、「様々なリスクへの対応や防衛生産基盤の維持・強化」策として、「指定装備品等の製造等を行う装備品製造等事業者に対し」、「当該指定装備品等の製造等及び当該指定装備品等の製造等に必要な原材料等の調達又は輸入に関し必要な報告又は資料」(8条）を求めることで、サプライチェーンリスクに関する情報を直接把握できるようになる。

他方で装備品移転を円滑化する措置につき、同法9条は、以下のように規定する。

装備品製造等事業者は、「外国政府に対する装備移転が見込まれる場合」、移転対象となる装備品等と同種の物品について、防衛大臣の求めに応じてその仕様及び性能の調整を行おうとするとき」は、「装備移転仕様等調整計画」を作成し、「防衛大臣に提出して、その認定を受けることができる」(9条1項)。また、装備移転をしようとする装備品製造事業者を支援するために、「装備移転支援業務」を行う「指定装備移転支援法人」(15条）を「その申請により、全国を通じて一個に限り」指定する他、同法26条は、日本政策金融公庫は「装備品製造等事業者による指定装備品等の製造等又は装備移転が円滑に行われるよう、必要な資金の貸付けについて配慮をする」とする。

さらに、本法4条1項でいう「装備品安定製造等確保計画」および9条1項でいう「装備移転仕様等調整計画」を「装備品製造等事業者」が作成し、これに対して防衛大臣の認定を受ける際に、その企業は、「単独で又は共同で」「認定を受けることができる」(4条1項および9条1項)。この「単独で又は共同で」とする規定は、独占禁止法2条6項でいう「不当な取引制限」への該当性をあらかじめ解除するものではないかと思われる。

本法は、「指定装備品等の製造等を行う装備品製造等事業者に対する第二章の規定による措置では防衛省による当該指定装備品等の適確な調達を図ることができないと認める場合」、防衛大臣は、「当該指定装備品等の製造等を行うことができる施設」(「指定装備品製造施設等」)を「取得することができる」とする(29条)。すなわち、防衛装備庁ウェブサイトに掲載されたスライド資料[1]によると、「国自身が製造施設等を保有し、企業に管理・運営させることを可能とする」ものであり、「企業の固定費負担等の軽減を図りつつ、国内基盤を維持」するものとされる。実質的には国家的な軍事企業の創設、あるいは「工廠(こうしょう)」が構想されているのであろうか。

そして、いわゆる「セキュリティ・クリアランス」制度が問題になる。この条文は、2023年8月18日現在、“e-GOV”上で「施行日未定」となっている27条である。同条1項は、装備品の関与する「契約事業者」に対して秘密該当情報を「取り扱わせる必要があると認めたときは、これを装備品等秘密に指定し、その指定の有効期間を定めた上で、当該装備品等秘密を当該契約事業者に提供することができる」

1　防衛装備庁装備政策課「防衛生産基盤強化法に基づく施策の実施について」(2023年10月)(https://www.mod.go.jp/atla/hourei/hourei_dpb/01_dpb_shisaku.pdf　2023年10月2日最終閲覧)。

とする条文である。同様に同条2項は、防衛大臣の「装備品等秘密であること及び当該装備品等秘密としての指定の有効期間の表示」義務である。これに対して同条3項は、契約事業者に対して、「装備品等契約に従い、当該契約事業者の従業者のうちから、装備品等秘密を取り扱う業務を行わせる従業者を定め、当該従業者の氏名、役職その他の防衛大臣が定める事項を防衛大臣に報告」を求める規定であり、その反面で同条4項は、契約事業者に対して「前項の規定により装備品等秘密の取扱いの業務を行わせるものとした従業者以外の者に装備品等秘密を取り扱わせてはならない」とする規定である。さらにかぶせて同5項は、契約事業者に対して「装備品等契約に従い、装備品等秘密の保護に関し必要な措置を講ずる」ことを求める。

6項は、「装備品等秘密の取扱いの業務に従事する従業者」が、「その業務に関して知り得た装備品等秘密を漏ら」すことを、その業務に従事しなくなったあとにおいても禁じる規定である。そこでは38条に基づいて、「一年以下の拘禁刑又は五十万円以下の罰金に処する」対象となる。

### ⑵　立法の経緯

日本経済団体連合会（日本経団連）が「防衛調達」に関して最初に政府に提言したのは、2019年4月16日の「新たな防衛計画の大綱中期防衛力整備計画の着実な実現に向けて」とされる。そして日本経団連は2022年4月12日、「防衛計画の大綱に向けた提言[2]」を公表し、そこでは、「国産の防衛装備品の調達予算の横ばい傾向が続くなか……装備品の高度化と複雑化により、調達単価が上昇し、調達数量が減少している」ことで、「こうした傾向が続けば、製造の空白期間や、年度ごとの調達量の増減が生じ、防衛産業は安定的な操業ができなくなり、

2　日本経済団体連合会「防衛計画の大綱に向けた提言」（2022年4月12日）（https://www.keidanren.or.jp/policy/2022/035_honbun.html　2023年10月2日最終閲覧）。

人員規模を縮小せざるを得」ず、「厳しい経営環境において、将来性が見通せず、防衛事業から撤退する企業が相次いでおり、事業の承継も容易でない。……防衛産業基盤が一旦失われると、回復することは極めて困難となる」との危機感を示しつつ、「防衛省が防衛産業を支援して課題を解決する新たな枠組み」などの具体的な法制化を要求している。さらに、「防衛技術と民生技術の境界はなくなりつつあり、防衛装備品に適用可能な技術領域が拡大している」との認識のもとに、長期的な観点からの装備品の開発、および「防衛装備・技術の海外移転」と「防衛産業サイバーセキュリティ基準への対応」を強調している。

このような財界筋の動きに対して2019年3月20日、自民党のルール形成戦略議員連盟による日本版国家経済会議の創設を求める提言がとりまとめられ[3]、5月29日に内閣総理大臣に対して、「エコノミック・ステイトクラフトに関するインテリジェンスを共有し、政策を包括的に構想して民間企業を巻き込んだ実行を担う日本版NECの創設」が提言された[4]。政府サイドとしても、「統合イノベーション戦略2020[5]」で、「大規模な自然災害、感染症の世界的流行、インフラ老朽化、国際的なテロ・犯罪や、サイバー空間等の新たな領域における攻撃を含めた国民生活及び社会・経済活動への様々な脅威に対する総合的な安全保障を実現」することが明記された。

さらに2022年6月14日の自民党国防議員連盟による「産官学一体となった防衛生産力・技術力の抜本的強化についての提言」は、「わが国の民間企業の中では防衛関連部門を縮小したり、防衛事業から撤

3　ルール形成戦略議員連盟（甘利明会長）「提言『国家経済会議（日本版NEC）創設』」（https://amari-akira.com/02_activity/2019/03/20190320.pdf　2023年10月2日最終閲覧）。
4　『産経』電子版「日本版NECの創設提言　自民議連が安倍首相に」2019年5月29日（https://www.sankei.com/article/20190529-6SRT2635O5O3TH3TPICGJ74W6I/　2023年10月2日最終閲覧）。
5　「統合イノベーション戦略2020」2020年7月17日、閣議決定（https://www8.cao.go.jp/cstp/togo2020_honbun.pdf　2023年10月2日最終閲覧）。

退したりする会社が後を絶たない状況となってしまっている」状況のもとで「各国はAI・量子技術等の先端技術についての研究を進めるとともに、ゲーム・チェンジャーとなり得る兵器の開発に力を入れている」との情勢認識を示し、「わが国は学術界・産業界において軍事忌避の傾向が色濃く残っており、十分に官民が連携できていない状況」のもとにおいて、「防衛装備品に関する生産力・技術力を抜本的に強化することはわが国の喫緊の課題」と認識した提言を政府に提出した。

日本の防衛生産力が衰退していくなかで、政府主導による同産業部門の抜本的強化が求められているというものである[6]。

そして2022年12月に改定された、いわゆる安保三文書の１つである国家安全保障戦略は、その「原則」として、「拡大抑止の提供を含む日米同盟は、我が国の安全保障政策の基軸であり続ける」との条件のもとで、「我が国と他国との共存共栄、同志国との連携、多国間の協力を重視する」とし、さらに「サプライチェーンの脆弱性、重要インフラへの脅威の増大、先端技術をめぐる主導権争い等、従来必ずしも安全保障の対象と認識されていなかった課題への対応」が求められるなかで、「安全保障の対象が経済分野にまで拡大し、安全保障の確保のために経済的手段が一層必要とされている」とし、「日米の戦略レベルで連携を図り、米国と共に、外交、防衛、経済等のあらゆる分野において、日米同盟を強化し」、「日米同盟を基軸としつつ、日米豪印（クアッド）等の取組を通じて、同志国との協力を深化」させるとする。

6　杉原浩司「軍需産業を強化する日本」『世界』2023年７月号143頁は、「わが国の民間企業の中では防衛関連部門を縮小したり、防衛事業から撤退したりする会社が後を絶たない状況」のなかで、「防衛省が重い腰を上げ」て制定したのが本法であるとする。この点国会審議でも、2018年から2019年にかけて防衛装備庁長官をつとめた深山延暁氏から、「防衛事業に会社からみて魅力がない」ために下請企業も元請企業も事業をやめてしまうこと、「防衛産業が持つ情報をいかに守るかという課題がある」ことが述べられ、同様に同志社大学名誉教授の村山裕三参考人から「クボタだとか島津、これはグローバルな優良企業ですよね。……そういう企業をもう一度防衛分野に引き入れなきゃならない。そのためには、ちゃんとした戦術をつくって引き入れなきゃならない」との発言がされている。第211回国会衆議院安全保障委員会、第11号（2023年４月25日）。

そこではさらに、「総合的な防衛体制の強化のための取組の一つ」との位置づけのものもとで、「同志国との安全保障上の協力を深化させるために、開発途上国の経済社会開発等を目的としたODAとは別に、同志国の安全保障上の能力・抑止力の向上を目的として、同志国に対して、装備品・物資の提供やインフラの整備等を行う、軍等が裨益者となる新たな協力の枠組みを設ける」と明記した[7]。

こうして、防衛産業強化法は、「国家安全保障戦略[8]」における日本の「防衛生産・技術基盤」が、「いわば防衛力そのものと位置付けられる」との認識のもとに、「国家防衛戦略[9]」において位置づけられた「スタンド・オフ防衛能力」、「統合防空ミサイル防衛能力」、「無人アセット防衛能力」「領域横断作戦能力」、「指揮統制・情報関連機能」、「機動展開能力・国民保護」、および「持続性・強靱性」(の強化) を担う防衛産業を育成・強化するための法制度としての性格を与えられる。

そしてそれは、「防衛力整備計画[10]」のもとで、「防衛力そのもの」と位置付けられる「防衛生産・技術基盤」を、「我が国の防衛産業」が、「装備品のライフサイクルの各段階」を「一体不可分」に担いうるように、「様々なリスクへの対応や防衛生産基盤の維持・強化のため、製造等設備の高度化、サイバーセキュリティ強化、サプライチェーン強靱化、事業承継といった企業の取組に対し、適切な財政措置、金融支援等を行う」とともに、「サプライチェーンリスクを把握」しつつ、さらに、「将来の戦い方を実現するための装備品を統合運用の観点から体系的に整理した統合装備体系も踏まえ、将来の戦い方に直結する……装

---

7 「国家安全保障戦略」国家安全保障会議決定・閣議決定、2022年12月1日16頁。(https://www.cas.go.jp/jp/siryou/221216anzenhoshou/nss-j.pdf　2023年10月2日最終閲覧)。

8 前掲。

9 「国家防衛戦略」2022年12月16日国家安全保障会議・閣議決定 (https://www.cas.go.jp/jp/siryou/221216anzenhoshou/boueisenryaki.pdf　2023年10月2日最終閲覧)。

10 「防衛力整備計画」2022年12月16日国家安全保障会議・閣議決定 (https://www.cas.go.jp/jp/siryou/221216anzenhoshou/boueiryokuseibi.pdf　2023年10月2日最終閲覧)。

備・技術分野に集中的に投資を行うとともに、従来装備品の能力向上等も含めた研究開発プロセスの効率化や新しい手法の導入により、研究開発に要する期間を短縮し、早期装備化につなげてい」き、同時に「将来にわたって技術的優越を確保し、他国に先駆け、先進的な能力を実現するため、民生先端技術を幅広く取り込む研究開発や海外技術を活用するための国際共同研究開発を含む技術協力を追求及び実施する」ものである。

これまで日本は、長年にわたって、1976年2月27日の衆議院予算委員会での三木内閣の統一見解（いわゆる武器輸出3原則（三木3原則））およびその後のこの原則の衆参両院での国家決議（1981年3月）に基づく「国是」化のなかで、武器輸出を禁止してきた。ところが2014年4月1日、閣議決定によりこの「3原則」が廃止されるかわりに、安倍政権のもとで「防衛装備移転3原則」が閣議決定された。そこでは、「1　移転を禁止する場合の明確化」、「2　移転を認め得る場合の限定並びに厳格審査及び情報公開」、および「3　目的外使用及び第三国移転に係る適正管理の確保」という条件のもとで、「今後は……三つの原則に基づき防衛装備の海外移転の管理を行う」とされた。

「防衛産業強化法」は、その延長上にある。

## 2　「軍事産業基盤強化法」の法制度としての特徴

このようにみていくと、この防衛産業強化法の制定をめぐる一連の流れは、防衛装備品およびその関連技術を中心とした技術開発と、その後の生産・海外技術移転へと流れる一連のプロセスの事業化およびその継続化を、国家機密性を確保しつつ、国家的に推進するとりくみであると把握することができる[11]。ここでは、本法を検討するに際して

11　杉原前掲注6は、①「軍需工場国有化法」、②「武器輸出支援法」としての問題性をともない、それはさらに③「企業版秘密保護法」としての性格を有するとする。

の論点として、第1に、成長戦略という視点から見た場合の日本資本主義の基幹産業として位置付けられた軍事産業の育成・強化という脈絡からの把握と、第2に、その検討を通じて明らかになるであろう防衛分野に特有な産業育成における特質として見えてくる問題点の把握について、以下順に検討する。

### ⑴ 軍事産業の基幹産業としての安定的な育成

本法の特徴のひとつは、当該装備品の供給が途絶するおそれが高いと認められる場合に備えた供給源の多様化や備蓄、当該指定装備品等の製造等における当該原材料等の使用量の減少に資する生産技術の導入、開発もしくは改良、指定装備品等の製造等を効率化するために必要な設備の導入、当該装備品製造等事業者におけるサイバーセキュリティの強化、および当該指定装備品等の製造等の継続性の確保に関して細心の配慮を払うかに見える「装備品安定製造等確保計画」に関する本法4条関係の規定にある。

そして防衛省は、「様々なリスクへの対応や防衛生産基盤の維持・強化」としてサプライチェーンリスクを直接把握するシステムを導入するなどの、事業者に対する継続的な監視や、さらに任務に不可欠な装備品について、上記の措置を講じてもなお、他に手段がない場合における、国自身による製造施設等の保有、あるいは企業による管理・運営の確保を可能とするように試みる。

さらにその先には、防衛装備品の海外への移転、すなわち輸出が意図されている。この点は、2015年の防衛装備庁発足以来意識されてきたことのようであるが、それは、新たな輸出産業を産業戦略的な位置があることを示すものである。

この点、はるか昔1950年代以降の日本の高度経済成長期の産業政策を法制度面から支えた、1956年の「機械工業振興臨時措置法」（機振法）や1957年の電子工業振興臨時措置法（電振法）、あるいは1971

年の特定電子工業及び特定機械工業振興臨時措置法（特電法）が想起される。それらはいずれも、「目的」で、特定の産業の振興を明記しつつ、通商産業大臣による「基本計画」およびその策定手続、そのための政府による資金確保の努力を規定する。さらに続いて、通商産業大臣への届出のもとでの「共同行為」の実施とその「不当な取引制限」（現行独占禁止法２条６項）からの適用除外、および技術的能力への適合基準の策定・公表を、ならびにそこで意見を具申する「機械工業審議会」や「電子工業審議会」の設置根拠規定を置く[12]。

これらかつての法制度と比べると、今回の防衛産業強化法には、以下の点に特徴がある。

まず上記法制度と共通する部分として、第１に、その対象が「電子機器」や「機械」であろうと「（防衛）装備品」であろうと、特定の業種の振興を図る点が共通する。第２にそれが通産大臣による「高度化計画」であれ防衛大臣による「装備品等の開発及び生産のための基盤の強化に関する基本的な方針」であれ、主務大臣が「計画」を策定することにかわりはない。第３に、機振法、電振法、および特電法のい

---

12　相田利雄・金澤史男「支配構造と経済政策」『講座今日の日本資本主義　4　日本資本主義の支配構造』（大月書店、1982年）151-152頁、161-162頁参照。そこでは、「この手法はその後、1972年の「特定機械工業振興臨時措置法」や1978年の「特定機械情報産業臨時措置法」へと引き継がれ、「機械産業・情報産業の一体化によって電算機およびその関連機器、原子力関連機器など先端技術の開発が推進され」、「また、プラント輸出の促進のために輸銀融資が強化され」たとされる。余談であるがこの論文では、その後に続く80年代の産業政策につき、今後の産業政策が従来と同様に産業構造転換政策を基調とする」としつつも、そこで検討の俎上に上げられている産業構造審議会『80年代の通産政策ビジョン』（1980年）について、その特徴を「産業構造の基準のなかにセキュリティー基準を設定し、『各種の政策課題のなかで「経済安全保障の確立」に高い順位を与え』たことである」としているのは興味深い。しかしながらその「経済安全保障」内容は、今日的な軍事技術の育成・開発ではなく、「『危機の発生の予防と脆弱性の克服』のために、①自由貿易体制を維持し、国際分業や国際間の産業協力を推進する、②資源小国の脆弱性を克服していくため、石油、希少資源、食糧の供給源を分散化、多角化するとともに、石油代替エネルギーや新エネルギーを開発する、③差額に独自の分野を保持することによりバーゲニング・パワーを強化するため、頭脳資源を促進し、科学技術の水準を高めて、創造的自主技術の開発を推進し、これを産業化し、とくに技術先端産業の育成をはかる、という内容である」とする。同165-166頁。

ずれもが、政府による資金のあっせん等の規定を置いているのと同様に、防衛産業強化法26条は、日本政策金融公庫は「装備品製造等事業者による指定装備品等の製造等又は装備移転が円滑に行われるよう、必要な資金の貸付けについて配慮をする」とする。そして第4に、機振法、電振法、および特電法のいずれもが「共同行為」に関する規定を通じて独占禁止法でいう「不当な取引制限」の適用除外となるのと同様に、防衛産業強化法においては、「装備品安定製造等確保計画」および「装備移転仕様等調整計画」に対する防衛大臣の認定を受ける際に、その企業単独ではなく「単独で又は共同で」「認定を受けることができる」とされるなど、独占禁止法2条6項でいう「不当な取引制限」への該当性をあらかじめ解除する。

これに対して、本法が上記の3法と異なっているのは、以下の点である。

第1に、本法4条柱書きでいう、「指定装備品等」の製造等を行う装備品製造等事業者による「装備品安定製造等確保計画」の作成および防衛大臣への提出、ならびにその防衛大臣による認定である。

第2にそこで防衛大臣は、本法8条により、装備品の安定供給を確保するために、装備品製造等事業者の装備品等の製造等に必要な「原材料等の調達又は輸入に関し必要な報告又は資料の提出」を通じて、装備品製造等事業者のサプライチェーンリスクを直接把握できるものとなる。

第3に、装備品移転を円滑化することを意識した輸出産業政策としての性格を有していることである。このことは、装備品製造等事業者に対して「装備移転仕様等調整計画」の作成・提出を求めつつ、防衛大臣はこの計画の認定権限を有するものとされた。このポイントは、当該産業分野に対する防衛省をはじめとする政府による厳格な監督関係の位置づけを意味すると思われる。とはいっても、装備品そのものは、「（日本の）防衛の分野において協力関係にある外国政府」に対する民間企業による輸出とはいえ、国家機密のかたまりであるはずである。そのために、〈国家機密をともなう工業輸出品〉に特徴的な、厳格な国家的監督制度が、そこで規定されていると思われる。

第4に、装備品製造等事業者による適確な装備品等の調達を図ることができないと防衛大臣が判断した場合、防衛大臣は、「指定装備品製造施設等」を取得し、それを「企業に管理・運営させる」ものとされた。この点、政府がこの「施設等」を取得したのちに「管理・運営」する企業が現れなかった場合の対応が国会審議で問題になった。このことは、国家安全保障という国の施策について、その国家統制的な、そして確実な政策の実施が求められるがゆえのことであろうと思われる。なお、政府は、国会審議で実質的な施設国有化の可能性が指摘されたものの、「具体的な回避策を示さなかった」[13]。

さらに第5に、「装備品製造等事業者」をはじめとするさまざまな事業者との関係において、本法27条1項でいう「その漏えいが我が国の防衛上支障を与えるおそれがあるため特に秘匿することが必要である」とされる情報の取扱い等が問題となる。その範囲は、特定秘密保護法の適用対象よりもはるかに拡大される。

このように、国家的な監督を通じた生産の継続の確保と機密性の確保が、本法の特徴である。

### ⑵　「防衛産業育成」という性格にともなう本法の特徴

本法の国家安全保障に特徴的な国家的な機密に密接に関連する「産業分野」にかかわることにともなう、国家統制的な、そして確実な政策実施に関して、2023年6月、「防衛技術指針2023―将来にわたり、技術で我が国を守り抜くために―」[14]が発せられた。その特徴は、2022

13　「『防衛産業強化法』成立　税金浪費・癒着など懸念残る」『東京』2023年6月8日朝刊1面。
14　防衛省「防衛技術指針2023―将来にわたり、技術で我が国を守り抜くために―」（2023年6月）（https://www.mod.go.jp/j/policy/defense/technology_guideline/pdf/technology_guideline.

年12月の安保三文書を受けて「『防衛技術基盤の強化』の方針を具体化するものであり、各種の取組を省として一体的かつ強力に推進する際の指針となるもの」である。同時に、「防衛省における防衛技術基盤の強化の方針を省外にも発信することで、企業等の予見可能性を高めるとともに、防衛技術基盤の強化についての共通認識を醸成し、技術的な連携を強力に進める基盤の構築を目指す」とされる。そしてその「第1の柱」に「我が国を守り抜くために必要な機能・装備の早期創製」を、「第2の柱」に「技術的優越の確保と先進的な能力の実現」を置く。

そこでは、従来いわれてきたような、軍需品から民生品へのスピンオフに対して「……切迫した安全保障環境に対応するためには、幅広い民生分野の技術を含めた我が国の科学技術・イノベーション力を、いわゆるスピンオンとして安全保障目的、防衛目的で最大限に活用していく必要がある」とする。そこではさらに、「民生部門と軍事部門との垣根を取り払うこと」や、さらに具体的に、「科学技術・イノベーション政策と安全保障政策のさらなる融合を目指し、防衛省自身が進めるべき研究開発と、政府横断的に進めるべき研究開発が、それぞれの役割を果たしつつ、防衛力の抜本的強化につながるシナジーを生み出せる環境を創っていく」ことにも言及される。

もはや防衛省において、学術と安全保障の間に垣根があることなど意識されてもいないようである。あるのは、そこで国家が「成長分野」と判断したものについてのみ国家予算を注ぎ込んで、安全保障の観点を前面に押し出しつつ、学術および技術振興政策をまきこみながら産業政策を推進していくということのようである。

本稿では、以下で、第1に、その確実な政策実施の保障に関する規定について、第2に装備品の海外移転の確実な実施の保障に関する規

pdf　2023年10月2日最終閲覧)。

定について、第3に国による生産設備等の取得、または「国有化」の可能性について、そして第4に、装備品等に関する国家安全保障的な性格を反映した情報の取扱いについて検討する。

#### ①　装備品の供給の確実な実施の保障に関する規定について

前述したように、本法における装備品等の安定した生産体制の確保、および「供給が途絶する」ことを回避するための規定についての部分は、第1にその確実な生産体制の維持とともに、サプライチェーンに対する監督が、いずれも防衛大臣によるとされる。

それは、2023年8月4日を期限に行政手続法に基づく意見公募手続に付せられた、本法3条でいう「装備品等の開発及び生産のための基盤の強化に関する基本的な方針（案）[15]」によると、「国内において基盤を維持・強化する意義」として、「我が国防衛に直結する装備品等の安定的な製造等及び技術的優位性を確保する観点から、基盤を装備品等の完成品からその部品・構成品に至るまで幅広く国内に維持・強化する必要性は一段と高くなっている」とされる。

#### ②　装備品の海外移転の確実な実施の保障に関する規定について

装備品の海外移転を円滑化する措置につき、前述したように、装備品製造等事業者に対して「装備移転仕様等調整計画」の作成とその防衛大臣による認定制度がある。そこでは、「仕様及び調整」についての大臣認定を通じた監督（9条1項）など、安全保障上の利益に配慮した規定がある。そして、装備品製造事業者を支援するための、「装備移転支援業務」を行う「指定装備移転支援法人」が、前述のように「全国を通じて一個に限り」指定されるものとされるとともに、この施策は、日本政策金融公庫による資金貸付の対象となっている。

この「指定装備移転支援法人」とは業界内の企業の代表者によって

15 「装備品等の開発及び生産のための基盤の強化に関する基本的な方針に関する意見の募集について」（2023年7月5日、案の公示）（https://public-comment.e-gov.go.jp/servlet/PcmFileDownload?seqNo=0000256005　2023年10月2日最終閲覧）。

構成されることが予想され、そしてそこで、日本政策金融公庫による資金貸付を通じて、この産業分野は、実質的に国家によって統制されるものと考えられる。

この点上記「基本的な方針」は、移転対象物品の仕様や性能を変更するための設計の変更や、それにともなって必要となる一連の作業を実施することになるところ、「これらに要する費用について助成金を交付する」とする[16]。

③　国による生産設備等の取得、または「国有化」の可能性

さらに本法は、防衛大臣が、「当該指定装備品等の製造等を行うことができる施設」（「指定装備品製造施設等」）を「取得することができる」とする（29条）。前掲防衛装備庁装備政策課「防衛生産基盤強化法に基づく施策の実施について」によると、「国自身が製造施設等を保有し、企業に管理・運営させることを可能とする」ものであり、「企業の固定費負担等の軽減を図りつつ、国内基盤を維持[17]」するものとされる。

この制度が適用される具体例として「基本的な方針（案）」は、装備品等の製造等からの事業撤退に際し他に装備品等の製造等の事業を行える装備品製造等事業者が存在する場合、または事業承継先の装備品製造等事業者は存在するものの、撤退に係る現在の指定装備品製造施設等が耐用年数を経過し老朽化しており、承継先の事業者がこれを新規取得することは困難なため、国が新規に建設する場合、あるいは指定装備品製造施設等が事故や災害で滅失し、装備品製造等事業者による復旧の目途が立たない場合に、国が新規に建設するケース[18]を想定しているようである。

「できるだけ早期に、取得した指定装備品製造施設等の譲渡に努める

16　同前、16頁。
17　前掲注1。
18　前掲注15、19頁。

こととする」との本法33条１項の規定にもかかわらず、引受先がみつからず、国が保有し続けざるをえない状態が長期化した場合、戦前の日本軍でいう「工廠」が出現するのであろうか。この点、「採算が取れずに国有化する事業に買手が現れる保証はな」く、「国有化が長引けば赤字事業に国民の税金が使われ続ける」という危惧も示されているところである[19]。さらには、「民間が買い戻すのは難しく、国がずっと保有することになる」ことから、「戦前のような軍需工場の復活に近づきつつある」との指摘[20]もある。

### ④　国家安全保障に特有な国家機密性をともなう装備品情報等の取り扱いについて

上記で述べたように、本法27条は、「契約を締結した事業者」に対して「当該装備品等契約を履行させるため、装備品等又は自衛隊の使用する施設に関する情報であって、公になっていないもののうち、その漏えいが我が国の防衛上支障を与えるおそれがあるため特に秘匿することが必要である」情報を「取り扱わせる必要があると認めたとき」(同法27条１項)、同条６項は、「装備品等秘密の取扱いの業務に従事する従業者に対して「その業務に関して知り得た装備品等秘密を漏らしてはならない」とする。それは、「装備品等秘密の取扱いの業務に従事しなくなった後においても、同様とする」とする[21]。

そこでは、同条３項でいう契約事業者に対する「装備品等契約」の内容や、契約事業者が「前項の規定により装備品等秘密の取扱いの業務

19　第211回国会参議院外交防衛委員会第18号（2023年６月１日）。
20　「防衛産業強化法案　審議入り　『国有化』規定に懸念の声」『中日』2023年４月８日。
21　この点、電気情報ユニオンの関係者によると、組合員が株主として、三菱電機株式会社の第146回定時株主総会（2017年）において、F35戦闘機に関連して「三菱電機が武器輸出に手を染めることがないよう願い、質問します」と質問したところ、「F35の質問いただきましたが防衛事業の個別内容につきましては秘密事項に関わるため、回答を差し控えたい。なお、防衛事業の海外分野に関しても防衛装備移転三原則など政府の方針にのっとり、平和貢献に積極的な推進に期する場合、あるいは我が国の安全保障に期する場合に限定して事業を行っていく」と回答があったという。

を行わせるものとした従業者以外の者に装備品等秘密を取り扱わせ」た場合の取扱い（同条4項）において契約事業者に対して課せられる、「装備品等秘密の保護に関し必要な措置」の内容などが問題となろう。

このような認識は、すでに上述した「統合イノベーション戦略2020」の段階においても散見される。たとえば同140頁には、「科学技術情報の流出対策に取り組む。これにはまず、科学技術情報の流出の懸念があることを研究者一人一人が認識するとともに、研究者が所属する大学・研究機関、サプライチェーン上の中小企業も含めた企業等が、組織として科学技術情報を守るための適切な対応を取ることが必要である[22]」とされている。

ここで本法において規定される「当該契約事業者」とは、2条3号でいう「装備品製造等事業者」――装備品等の製造等の事業を行う事業者――にとどまらず、7条でいう「認定装備品安定製造等確保事業者」――防衛省と当該契約を締結していないものの、認定装備品安定製造等確保事業者に当該契約に係る指定装備品等の部品若しくは構成品や役務を直接若しくは間接に供給している者――や、あるいは30条でいう「施設委託管理者」が対象となる。そこには、その契約上の延長線上に大学等の研究機関も含まれると思われる。

この点に関して従来、特定秘密保護法は「あくまで国家内部に存する秘密の保全に主眼が置かれてい」て、「民間企業において生成された機微情報を保護する仕組みにはなっていない」ことから、「今後、同盟国や同志国が経済安全保障上の保全措置を強化すればするほど、この問題は顕在化することになり、我が国においても、今後、民間事業者を対象とした機密取り扱いの資格制度の導入が急がれる」とする見解[23]が、政府の内部に存在していたとされる。

---

22 「統合イノベーション戦略2020」2020年7月17日、閣議決定140頁。(https://www8.cao.go.jp/cstp/togo2020_honbun.pdf　2023年10月2日最終閲覧)。

23 北村滋『情報と国家』中央公論新社（2021年）58-59頁。

このことから、装備品の製造段階の前段階に位置づけられる研究開発の段階においても問題が発生しうる。この点、2015年発足の防衛装備庁「安全保障技術研究推進制度」をめぐり、学術界とのあいだで意見の対立が続いている。2017年3月の日本学術会議「軍事的安全保障研究に関する声明」は、その問題点を明らかにしたものである。さらに昨2022年に成立した経済安全保障推進法に基づく「特定重要技術」研究は、直接的に軍事研究であるか否かを問わず、いわゆる国策としての技術開発を推進するものである。そしてそこでは、その研究推進にあたって、従来学術振興を所管してきた文部科学省ではなく、内閣総理大臣を議長とする総合科学技術・イノベーション会議（CSTI）がその推進を担う。そこでは、「学術・科学」の論理による研究を、「技術」の論理が上書きするという関係が現実化している[24]。

本法でいう装備品製造基盤の強化措置が、技術開発段階において安全保障技術研究推進制度および経済安全保障推進法でいう「特定重要技術」研究を通じてリンクしてきた場合に、安全保障技術研究推進制度を通じて大学の教員研究者が出した研究成果が記載され、防衛装備庁に納品された研究成果が記載された文書や、経済安全保障推進法でいう「特定重要技術」として研究成果となったものは、いずれ本法27条を通じてセキュリティ・クリアランスの対象となるのではないだろうか[25]。その外延は、まったく判然としない。

この点「装備品等の開発及び生産のための基盤の強化に関する基本的な方針（案）」18頁は、こうした秘密情報を含む文書等を契約事業者に提供する必要がある場合には、「法第27条に規定する装備品等秘密」として、自衛隊法59条1項の規定により自衛隊員が漏らしてはな

---

24　前田定孝「安保・経済行政を高等教育行政へと浸食させる諸装置」『日本の科学者』2023年4月号、25-30頁。

25　前田定孝「行政文書としての軍事的安全保障研究の〈研究成果〉」『法の科学』第50号（2019年）25頁。

らないとされる秘密のうち、日米相互防衛援助協定等に伴う秘密保護法1条3項に規定する「特別防衛秘密」および特定秘密保護法3条1項に規定する「特定秘密」は含まれないとしつつも、秘密保全に関する訓令（2017年防衛省訓令36号）16条1項および防衛装備庁における秘密保全に関する訓令（2015年防衛装備庁訓令26号）16条第1項の規定による「秘」、すなわちいわゆる「省秘」が想定される。

現在、防衛省が取り扱う秘密情報は、特定秘密保護法に基づく「特定秘密」、日米相互防衛援助協定秘密保護法に基づく「特定防衛秘密」、および隊員の守秘義務についての自衛隊法59条により保護され秘密保全に関する訓令に基づく「省秘」の3種類あるとされる。本法27条は、従来「省秘」として扱われてきた国家機関と私企業との間の守秘契約違反があった場合の情報漏洩に対してさらに、法38条に基づく拘禁刑または罰金刑による刑事罰を付加するものである。

本法のもとでは、装備品生産段階における情報取り扱いとして「装備品製造等事業者」(2条3号)、「認定装備品安定製造等確保事業者」(7条)、「認定装備移転事業者」(11条)、および「施設委託管理者」(30条）が「その業務に関して知り得た装備品等秘密を漏ら」した場合、本法27条の射程が及び、刑事罰の対象となってくる。このような契約事業者の従業員による契約違反に対してまでも刑事罰を及ぼしうる法律は、類例をみない。

とくに大学に所属する研究者においてすらも、「装備品製造等事業者」をはじめとする私企業等による委託研究を通じて出した成果が「教員研究者の研究成果を含む情報」として「省秘」とされた場合[26]、まず危惧されるのは、守秘契約等を通じて本法27条に基づく刑事罰の対象となる可能性である。今後、いわゆるセキュリティ・クリアランス制度が防衛省レベルで規定されるか、あるいは守秘契約において細か

26　前田前掲25-28頁。

い規定が盛りこまれる可能性が高い。

特定秘密保護法12条でいう適性評価には、同条1項2号で「当該行政機関の職員又は当該行政機関との契約に基づき特定秘密を保有し、若しくは特定秘密の提供を受ける適合事業者の従業者」、すなわち私企業の被用者も含まれるものとされている。しかしながら、前述のように、民間企業や研究機関等の非政府組織において生成された情報には適用されないとされてきた。そこでは、この適性評価制度を民間組織等において生成された情報にも適用することが企図されることになる。

特定秘密保護法12条2項は、適性評価の実施内容として、「一　特定有害活動及びテロリズムとの関係に関する事項」にとどまらず、「二　犯罪及び懲戒の経歴に関する事項」、「三　情報の取扱いに係る非違の経歴に関する事項」、「四　薬物の濫用及び影響に関する事項」、「五　精神疾患に関する事項」、「六　飲酒についての節度に関する事項」、および「七　信用状態その他の経済的な状況に関する事項」といった、きわめてセンシティブな個人情報をも調査したうえで、その機密情報を取り扱う「適性」を評価するものとしている。このような制度がどのように構築されるのかが問題となる。

この点、「防衛産業強化法」27条でいう「その漏えいが我が国の防衛上支障を与えるおそれがあるため特に秘匿することが必要である」情報とは、野田内閣から安倍内閣に至るまで内閣情報官を務めた北村滋の著作を総合すると、「インテリジェンス」という文言で表現されるようである。この「インテリジェンス」とは、「重要な国家戦略である対外政策、安全保障政策等の基本方針を策定するとともに、この基本方針を策定するために、当該政策の立案者からの要求に基づき、インフォメーションを収集し、これに分析を加え、インテリジェンスとしてこれを当該政策立案者に提供する[27]」というもののようであり、行

27　北村前掲注23、118頁。

政機関情報公開法２条２項でいう行政文書、すなわち「行政機関の職員が職務上作成し、又は取得した文書、図画及び電磁的記録であって、当該行政機関の職員が組織的に用いるものとして、当該行政機関が保有しているもの」という包括的なものではない[28]。

そして、この「インテリジェンス」を取り扱う機関である内閣情報会議、合同情報会議、および幹部による機動的かつ恒常的な情報共有を担う集団が、「インテリジェンス・コミュニティ」と呼ばれるようである[29]。

本法を通じて基盤強化される防衛産業および政府において共有される「インテリジェンス」は、このような「インテリジェンス・コミュニティ」が「政策立案者に提供する」情報として位置づけられ、そしてどの情報が「インテリジェンス」に該当するかは、この「インテリジェンス・コミュニティ」のその都度の国際情勢認識によって左右されるものとなるおそれが高い。そこでは、情報公開法５条３号でいう安保・外交情報該当性の範囲は、ただちに明らかではない。

この点アメリカにおける「秘密指定情報」(classified information) は、「法律または大統領命令（または法律・大統領令に従って発せられた規則または命令）に従って，国家安全保障上の理由から特定の保護を必要とすると指定され，かつ明確なマーキングまたは表示がなされた情報または資料[30]」とされ、その詳細は大統領命令によって規定さ

---

28　同前 113-114 頁。この「インテリジェンス」につき、内閣情報官が毎週１回内閣総理大臣に行うブリーフィングの内容は、「その中心は外交、安全保障関係の情報であり、内閣情報調査室が自ら行った情報調査活動の成果のほか、各省庁から集約した情報の分析結果等」も含まれるとされる。

29　北村前掲注 23、115 頁。

30　Protection of Identities of Certain United States Undercover Intelligence Officers, Agents, Informants, and Sources Act., 50 U. S. C. §426 (1)　平松純一訳「米国の安全保障情報管理政策に関する一考察—秘密指定情報制度を中心に—」『研究報告　情報システムと社会環境』(2011 年) に拠った。(https://ipsj.ixsq.nii.ac.jp/ej/?action=repository_uri&item_id=74438&file_id=1&file_no=1　2023 年 9 月 29 日最終閲覧)。

れることがある。とくにオバマの大統領命令13526号[31]は、「最高機密(Top Secret)」、「機密（Secret)」および「秘（Confidrntial)」に分類(1.2条）する。

しかしながらそれでもなお、日本における「インテリジェンス」等に対する考え方と大きく異なるのは、オバマ大統領の大統領命令13525号の冒頭で、「われわれの民主主義的な原則は、アメリカの人民がその政府の活動について情報を受けることを要請する」部分であり、「さらに、われわれの国の進歩は政府及びアメリカ人民の間の双方の情報の自由なやりとりに依拠する」とする一文から始まる点である。

ところが残念ながら、現在の日本政府にそのような認識があるのかどうか、きわめて疑問である。「インテリジェンス」を主張する機関のいうがままに、情報は秘匿されていくおそれがあるのである。

大学については、国会における参考人質疑において、国際政治学者で日本安全保障貿易学会会長の佐藤丙午（拓殖大学教授）から、「そのような知的基盤というのは大学によってのみ提供されるものでもありませんし、防衛省だけがそれを担当するものでもないと思いますので、防衛省、これはよく軍産官学と言いますけれども、それらがお互いの緊張関係を持ちながら対話を積み重ねていく基盤があれば、それが実は、将来の戦略、中長期的な戦略を構想する際の大きなプラットフォームにな」り、「今既に存在するシンクタンクも含めて、安全保障コミュニティーの輪を広げていくことが極めて重要[32]」とされている。

## おわりに

そもそも日本は、1967年の佐藤内閣で「武器輸出三原則」が示されて以来、共産圏諸国、国連決議により武器輸出が禁止されている国、及

---

31　Classified National Security Information., *Exec. Order* 13526 (2009)。
32　第211回国会衆議院安全保障委員会第11号（2023年4月25日）。

び国際紛争当事国またはそのおそれのある国への全面的な禁輸政策を原則としてきた。その後1976年に三木内閣による政府統一見解で、3原則対象地域以外についても日本国憲法および外国為替管理法の精神に則って武器輸出をつつしむものとされ、さらに1981年の衆参両院の国会決議で武器輸出3原則が「国是」として確立した。ところが2014年4月1日、第2次安倍政権は「武器輸出3原則」を撤廃し、「防衛装備移転3原則」として閣議決定した。

防衛産業が、かつての日本の高度経済成長期を支えた基幹産業のように、新たな成長分野として輸出産業として育成・強化されることになるとすれば、第1に、その産業部門の安定的な生産体制の維持のために、厳格な国家統制が予想される。同時に第2に、その産業部門の性質のゆえに、そこで生産および流通に際して要求される機密保持とともに、その開発段階における機密的な情報もまた、厳格に管理される。そしてそこで用いられる技術情報等は、それがいかに行政文書に記載されていたとしても、それは上記でいう「インテリジェンス」としての取扱いを受けるものとなり、その判断基準は、そのときどきの「インテリジェンス・コミュニティ」の無制限に近い裁量にまかされることになりかねない。その範囲は、国家公務員にとどまらず民間企業の労働者や、さらに研究・開発にあたる研究者（大学等も含む）についても、無限に広がりうるものとなる。そしてその対象とされた者は、国家によって、飲酒や借金等を含む機微情報についてさえも、監視の対象となる可能性が高い。

アカデミアは、一方で基盤的経費を限界まで削減されたあげくに、他方で「防衛産業」や防衛装備庁から提示される委託研究費をあてにせずには研究を続けられないところにまで追いこまれ、最後にはむしろ積極的に軍事研究予算に応募するところにまでおとしめられてしまう可能性すらも危惧される。

日本は 1947 年の段階で、「再び戦争の惨禍を繰り返さない」として、国民主権原理のもとで基本的人権の尊重に枠づけられた国家として出発した。上記のような国のありようは、日本国の本来のあり方と両立するのであろうか。そのことが問われているように思われる。

# 第5章

# 防衛費（軍事費）膨張と財政民主主義の破壊

川瀬光義

## はじめに

2022年12月に閣議決定された安保三文書のうち「安全保障に関する最上位の政策文書」である「国家安全保障戦略」は、「2027年度おいて、防衛力の抜本的強化とそれを補完する取組をあわせ、そのための予算水準が現在の国内総生産（GDP）の2%に達するよう、所要の措置を講ずる」とした。それに基づく「防衛力整備計画」では所要経費として「2023年度から2027年度までの5年間における本計画の実施に必要な防衛力整備の水準に係る金額は、43兆円程度」と示した。そこで、従前の中期防衛力整備計画（2019年度～2023年度）の所要経費27兆4700億円を大きく上回る43兆円もの防衛予算を確保することが、岸田政権の最優先課題となっている。

後に詳しく述べるが、戦後日本における長期計画に基づく防衛費の膨張は、1957年に策定された第一次防衛力整備計画に始まる。島恭彦は、長期計画とは「特定経費の先取り」であり、「財政を長期にわたって膨張させ、その弾力性をうばい、そして国民の負担を長期にわたって重くしていく原因になる[1]」と特徴づけて、1960年代の安保体制下における軍事費膨張の過程を分析した。その際、とくに問題点としてあげられているのは、財政民主主義の重要な原則の一つである単年度主義を形骸化する継続費、債務負担行為、繰越明許費が乱用されてい

1　島恭彦『軍事費』岩波書店（1966年）、188頁。

ることであった。

本章では、このうち債務負担行為による後年度負担の動向に注目して、日本の防衛費と称する軍事費膨張の史的展開を検証した上で、23年度に始まる大軍拡予算が、財政民主主義をいかにないがしろにするものであるかを明らかにする。ここで後年度負担に注目するのは、第二次安倍政権下におけるアメリカ製兵器の大量購入などによって後年度負担が急増したことが、このたびの大軍拡と密接にかかわっているからである。

また、この国の防衛政策において絶えず焦点となっているのが沖縄の米軍基地過重負担である。政府はことあるごとに「負担軽減」を唱えるが、1990年代半ばから今日まで最も力点をおいてすすめてきたのは辺野古新基地建設である。建設反対の民意を踏みにじって工事を強行するために講じられてきた特異な予算措置と、このたびの防衛費増大との関連を示すことも、本章を通底する課題である。

以下ではまず、戦後日本の防衛計画と防衛費の推移を分析し、日本の防衛（軍事）力の到達点を確認する。次いで、第二次安倍政権下におけるアメリカ製兵器の大量購入による防衛費膨張が、民主主義国家における財政運営の原則を毀損しながら強行されてきたことを明らかにする。最後に、2023年度に始まる防衛費増大を賄う財源を確保するための予算措置の問題点を検証する。

## 1　戦後日本の防衛予算と防衛（軍事）力

### ⑴　防衛予算の沿革

ここではまず、戦後日本の防衛政策及び防衛予算の推移を確認することとしたい。

日本の再軍備は、1950年6月25日に始まった朝鮮戦争が契機となった。同年7月8日に連合国軍最高司令官であるダグラス・マッカーサーは7万5000名の警察予備隊の創設と、すでに48年5月に創設されていた海上保安庁の8000名増員を日本政府に指令した。その目的は「在日米軍四個師団の全てが朝鮮戦線に出動したために生じた軍事的空白を埋めること[2]」にあった。2年後の52年10月に警察予備隊は、保安隊へ改編・強化された。さらに2年後の1954年、MSA協定[3]にもとづいて「防衛庁設置法」「自衛隊法」が制定され、保安隊は三軍方式の自衛隊となった。そして56年には、総理大臣の諮問機関として国防会議が設けられた。この国防会議は、86年に安全保障会議が発足するまで、「国防の基本方針」（1957年）など、重要政策を事実上決定してきた。

**図表5-1**は、「国防の基本方針」決定以降の、防衛計画とそれらに盛り込まれた所要経費などをみたものである。最初の防衛計画として、1958年度から60年度までを期間とする第一次防衛力整備計画（一次防）が策定された。以後、5年計画で四次防まで策定された。

四次防の最終年度である1976年10月に、防衛力の整備、維持及び運用に関する諸計画の恒常的な基本指針として「昭和52年以降に係る防衛計画の大綱について」が国防会議・閣議決定された。それ以降は、期間を限った防衛力整備計画を作成する方法は採らず、単年度方式で必要な決定を行ってきた。ただし、防衛庁の内部資料として中期業務見積りが2回作成されていた。

3度目の中期業務見積りの策定作業をすすめる過程で、防衛庁の内部資料ではなく、政府の責任で中期的な防衛力整備の方向を内容と経費の両面にわたって示すことが望ましいと判断され、1985年9月に「中期防衛力整備計画（1986年度～1990年度）」が、国防会議・閣議決定された。この時から、最上位の政策→中長期的な大綱→5年程度の

---

2　吉田裕「戦後改革と逆コース」吉田裕編『戦後改革と逆コース』吉川弘文館（2004年）、71頁。

3　1954年5月1日「日本国とアメリカ合州国との間の相互防衛援助協定」が公布され、同協定と同時に、農産物購入、経済措置、投資保証に関する日米協定も公布された。各協定の根拠がアメリカ合州国の相互安全保障法（略称MSA）に求められたため、MSA協定と称されている。

図表５－１　防衛

| 年 | 基本方針 | 大綱など | 防衛計画など | 期間 |
|---|---|---|---|---|
| 1950 | | | | |
| 1952 | | | | |
| 1954 | | | | |
| 1956 | | | | |
| 1957 | 国防の基本方針 | | 第一次防衛力整備計画 | 1958～60 |
| 1960 | | | | |
| 1961 | | | 第二次防衛力整備計画 | 1962～66 |
| 1966 | | | 第三次防衛力整備計画 | 1967～71 |
| 1972 | | | 第四次防衛力整備計画 | 1972～76 |
| 1976 | | 防衛計画の大綱 | | |
| 1979 | | | 中期業務見積り | 1980～84 |
| 1982 | | | 中期業務見積り | 1983～87 |
| 1985 | | | 中期防衛力整備計画 | 1986～90 |
| 1986 | | | | |
| 1990 | | | 中期防衛力整備計画 | 1991～95 |
| 1995 | | 防衛計画の大綱 | 中期防衛力整備計画 | 1996～2000 |
| 2000 | | | 中期防衛力整備計画 | 2001～04 |
| 2004 | | 防衛計画の大綱 | 中期防衛力整備計画 | 2005～09 |
| 2006 | | | | |
| 2010 | | 防衛計画の大綱 | 中期防衛力整備計画 | 2011～15 |
| 2013 | 国家安全保障戦略 | 防衛計画の大綱 | 中期防衛力整備計画 | 2014～18 |
| 2015 | | | | |
| 2018 | | 防衛計画の大綱 | 中期防衛力整備計画 | 2019～23 |
| 2022 | 国家安全保障戦略 | 国家防衛戦略 | 防衛力整備計画 | 2023～27 |

計画という三層で構成される防衛政策の体系が確立し、今日に至っているのである。

これらの計画に基づく防衛費の動向を確認しておこう。一次防、二次防には、所要経費は明示されなかった。そこで実際の当初予算計上

**政策の変遷**

| 所要経費 | |
|---|---|
| | 警察予備隊創設 |
| | 警察予備隊を保安隊に再編<br>旧「日米安全保障条約」発効 |
| | 自衛隊・防衛庁発足 |
| | 国防会議設置 |
| 記載なし | |
| | 「新日米安全保障条約」署名・発効 |
| 年平均 195 億円増ないし 215 億円増 | |
| 2 兆 3400 億円 | |
| 4 兆 6300 億円 | |
| | 「当面の防衛力整備について」（GNP 1% 枠） |
| 記載なし | |
| 4 兆 4000 億円ないし 4 兆 6000 億円 | |
| 18 兆 4000 億円 | |
| | 国防会議を廃止し安全保障会議を設置 |
| 22 兆 7500 億円 | |
| 25 兆 1500 億円 | |
| 25 兆 1600 億円 | |
| 24 兆 2400 億円 | |
| | 防衛庁から防衛省に移行 |
| 23 兆 4900 億円 | |
| 24 兆 6700 億円 | 安全保障会議を国家安全保障会議に改編 |
| | 安保法制（集団的自衛権の行使が可能に） |
| 27 兆 4700 億円 | |
| 43 兆円 | |

（出所：『2014 年版日本の防衛―防衛白書―』所収の図表Ⅱ－4－1－1 を参考にして作成）

額をみると、一次防の 1958 年度から 60 年度までの 3 年間で、計 4646 億円、年平均 1549 億円であった。61 年度は 1814 億円と一次防の 3 年間の平均を大きく上回った。二次防の 62 年度から 66 年度までの 5 年間は、計 1 兆 3720 億円、年平均 2744 億円と、一次防と比べて 2 倍近くに増加した。そして所要経費が明記されている三次防では2兆3400億円（実際の当初予算額は5年間で2兆5272億円、年平均5054億円）、四次防は4兆6300億円（同5兆6384億円、1兆1277億円）であった。こうしてみると、計画を改めるごとに倍々ゲームで膨張してきたことがわかる。自衛隊が発足した1954年度の防衛費は当初予算で1352億円であったが、四次防の最終年度である76年度は1兆5123億円と、20年余の間に、10倍以上に膨れ上がったのである[4]。

近年の『日本の防衛―防衛白書―』では、中国の国防予算がいかに急速に膨張しているかが強調されている。しかしながら日本も、憲法第9条で「戦力を保持しない」と規定されているにもかかわらず、高度経済成長に伴って防衛予算を急膨張させてきたことを忘れるべきではないであろう。1976年の大綱策定後まもなく、防衛関係費は国民総生産の1%を超えないことをめざす国防会議・閣議決定がなされた。それは経済成長が続く限り、防衛予算の膨張が容認されることを意味するが、経済成長が停滞すると防衛費の抑制に一定の役割をはたしたともいえる。というのは、バブル経済が崩壊した1991年度から5年間を期間として策定された中期防衛力整備計画以降、2014年度から5年間を期間とする中期防衛力整備計画まで、所要経費がおおむね20兆円台半ばに抑えられてきたからである。

### ⑵　日本の防衛（軍事）力の到達点

以上のような防衛予算の推移の結果、今この国の防衛（軍事）力がどのような到達点にあるかを確認しておこう。

まず21世紀に入ってからの防衛関係費の推移を確認しておく。2000年度当初予算は4兆9218億円であった。以後は横ばいないしは減少が続き、12年度には4兆6453億円まで減少した[5]。ところが、第二次

4　当初予算額は『財政金融統計月報』の「予算特集」による。
5　東日本大震災からの復旧・復興対策に係る経費を加えると、4兆7589億円となる。

**図表５－２　国家公務員等予算定員**

（単位：人）

| 区　分 | 2000 年度末 | 2005 年度末 | 2010 年度末 | 2015 年度末 | 2020 年度末 | 2023 年度末 |
|---|---|---|---|---|---|---|
| 総　数 | 1,145,985 | 626,732 | 591,760 | 585,920 | 589,082 | 593,739 |
| 一般会計 | 553,132 | 530,244 | 527,972 | 552,837 | 556,777 | 560,968 |
| うち防衛省 | — | — | 22,241 | 21,166 | 20,929 | 21,046 |
| うち自衛官 | 262,073 | 251,582 | 247,746 | 247,154 | 247,154 | 247,154 |
| 特別会計 | 581,127 | 85,008 | 53,815 | 23,125 | 22,159 | 22,447 |
| 政府関係機関 | 11,726 | 11,480 | 9,973 | 9,958 | 10,146 | 10,324 |

注：2007 年１月９日に防衛庁から防衛省へ移行。2000 年度、05 年度の防衛庁は内閣府に含まれている。

（出所：財務省主計局理財局『予算及び財政投融資計画の説明』各年より作成）

安倍政権発足以降は 10 年連続で増加し、2022 年度当初予算では５兆 1788 億円となった（後掲**図表５－６**）。これは、同年度当初予算の歳出総額 107.6 兆円の 5% ほどをしめる。ただし、歳出総額から国債費 24.3 兆円と地方交付税 15.9 兆円を差し引いた 67.4 兆円と比べると 8% をしめる。5% にしろ、8% にしろ、決して少なくはないが、軍事国家とまでは言えないであろう。

しかし、別の側面をみるとどうなるであろうか。島恭彦が、政府機能を測る尺度として経費に加えて注目すべき指標としてあげている政府雇用と資産をみることとしよう[6]。

**図表５－２**は、国家公務員の予算定員について、2000 年度から最近までの推移をみたものである。2000 年度のそれは 114 万 5985 万人だったが、５年後の 05 年度には 62 万 6732 人と大きく減少している。これは主として特別会計における総務省所管分約 29 万人と文部科学省所管分約 13 万人の消滅による。前者は郵政民営化、後者は国立大学の独立行政法人化によるものと思われる。15 年度には 58 万 6000 人にまで減少したが、2020 年度からは 59 万人ほどで推移し、23 年度末では 59 万 3739 人となっている。そのうち自衛官が 24 万 7154 人、これに

---

6　島恭彦『現代の国家と財政の理論』三一書房（1960 年）（『島恭彦著作集』第５巻、有斐閣、に収録）。

図表５－３　行政財産（土地）の現況（2022 年３月 31 日現在）

（単位：千 $m^2$、億円、％）

| 種　類 | 数　量 | 割　合 | 価　格 | 割　合 |
|---|---|---|---|---|
| 公用財産 | 1,201,094 | 1.4 | 122,559 | 83.5 |
| 　うち防衛省所管 | 1,011,937 | 1.2 | 42,414 | 28.9 |
| 　うち国土交通省所管 | 89,869 | 0.1 | 15,427 | 10.5 |
| 公共用財産 | 136,531 | 0.2 | 6,675 | 4.6 |
| 皇室用財産 | 19,055 | 0.0 | 6,982 | 4.8 |
| 森林経営用財産 | 85,307,823 | 98.4 | 10,482 | 8.4 |
| 合　計 | 86,664,504 | 100.0 | 146,700 | 100.0 |

（出所：『財政金融統計月報』第 849 号、2023 年１月号より作成）

自衛官ではない防衛省職員２万 1046 人を加えると、防衛省の予算定員は 26 万 8200 人と、総数の約 45％をしめているのである。

政府資産、つまり国有財産はどうだろう。国有財産法第２条に規定されている国有財産は、土地、建物、船舶、航空機、地上権、特許権、政府出資などで、それらは国の行政の用に供するために所有する行政財産と、それ以外の普通財産とに分類される。**図表５－３**は、国有財産の土地の大半をしめる行政財産（土地）の 2022 年３月 31 日現在の状況をみたものである。面積では森林経営用財産がほとんどをしめているが、庁舎や公務員住宅に使われる公用財産についてみると、面積ではほとんどが、価格においても３分の１ほどが防衛省所管でしめられていることがわかる。かつては文部科学省が旧防衛庁に匹敵するほどの比重をしめていたのだが、その多くの資産が独立行政法人化された国立大学法人に出資されてしまったのである。さらに**図表５－４**は、普通財産（土地）についてみたものである。面積では山林原野が 83.5％をしめているが、残り 16.5％のうち在日米軍基地への提供地が 6.8％となっている。その価格が全体の４割ほどをしめているのは、首都圏の横田基地、厚木基地など経済的価値が相対的に高いところが提供されていることによると思われる。しかも、日米地位協定にもとづく特

図表5－4　普通財産（土地）の現況（2022年3月31日現在）

（単位：千 m²、億円、%）

| 区　分 | 数　量 | 割　合 | 価　格 | 割　合 |
|---|---|---|---|---|
| 一般会計所属財産 | 1,012,685 | 99.8 | 50,725 | 98.8 |
| うち在日米軍への提供地 | 68,567 | 6.8 | 20,880 | 40.7 |
| うち地方公共団体等への貸付地 | 59,875 | 8.9 | 20,647 | 40.2 |
| うち未利用国有地 | 7,231 | 0.7 | 4,841 | 9.4 |
| うちその他（山林原野等） | 847,010 | 83.5 | 4,355 | 8.5 |
| 特別会計所属財産 | 1,979 | 0.2 | 630 | 1.2 |
| 合　計 | 1,014,664 | 100.0 | 51,355 | 100.0 |

（出所：『財政金融統計月報』第849号、2023年1月号より作成）

例措置として無償で提供されているのである。

島恭彦は、1956年度末に防衛庁財産が国立学校財産を上回るようになったことに注目して、「軍事財産が一国の文化教育を支える財産を上回るようになったということは、非常に象徴的である[7]」と述べ、政府部門の急速な軍事化に警鐘を鳴らしていた。それから60年以上が経過した今日、雇用と資産、つまり人員とストックでみた日本の軍事力は格段に強化されたといえる。

そして日本の防衛（軍事）力を見る上で、決して見過ごすことができないのが、世界一の「敵基地攻撃能力」を有し、ベトナムやイラクなどでその力を行使してきた在日米軍の存在である。**図表5－5**は、在日米軍に提供されている基地面積の推移をみたものである。サンフランシスコ講和条約が発効した1952年4月28日現在において米軍に提供されていた施設は2824件、面積は13万5363haであった。50年代後半に急速に減少し、新安保条約が発効した1960年度末には187件、3万1175haとなり、1971年には103件で面積は2万haを割り込んだ。もっともそれには、1972年5月14日まで米軍政下におかれた沖縄が含まれていない。その沖縄が再び日本の支配下に置かれるようになっ

7　『島恭彦著作集』第5巻、82頁。

図表5－5　在日米軍基地面積の推移

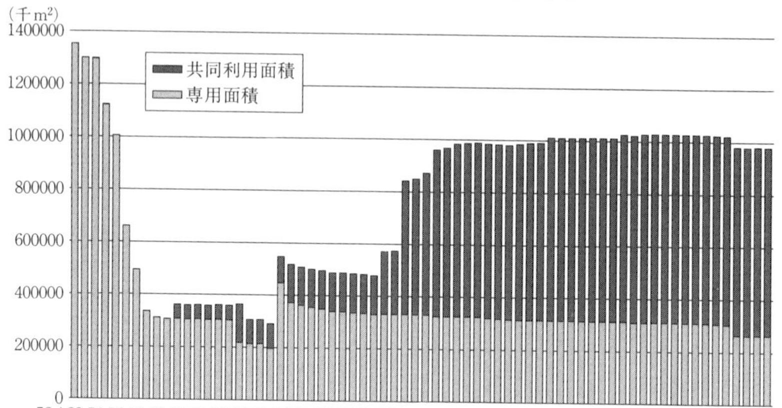


（出所：防衛施設庁史編さん委員会『防衛施設庁史』2007年、および沖縄県知事公室基地対策課『沖縄の米軍及び自衛隊基地（統計資料集）』2022年より作成）

た「復帰」に伴って165件、4万4641haに増加した。その後も減少を続けたが、1970年代の終わりに3万ha余りとなって以来長年にわたり目立った減少はしていないことがわかる。これは、大規模な基地返還が1977年の立川基地返還以来おこなわれていないことによると思われる。そして2016年12月22日、沖縄の北部訓練場の4100haが返還されたため[8]、2022年3月31日現在では、77件、2万6294haとなっている。ともあれ、冷戦の崩壊など世界の政治状況の大きな変化にもかかわらず、在日米軍基地の見直しはおこなわれなかったのである。

これに加えて日米地位協定第2条4項(b)を適用した一時使用施設・区域が53件、7万1723haもある。専用面積は蝸牛の歩みとはいえ漸減しているのに対し、その減少を補うかのように増えて、現在では専用施設と一時使用施設を合わせると約10万ha近くもの土地が米軍に提供されているのである。東京23区の面積約6万2753ha（2021年10

8　もっともその返還は、東村高江の集落を囲む6つのヘリコプター着陸帯建設が条件であった。その着陸帯では、MV22オスプレイが主要機種として運用されており、高江の住民にとっては顕著な負担増となっている。

月1日現在）と比べると、その約半分の面積が米軍専用施設・区域として、一時使用施設・区域を合わせると約1.6倍もの面積の土地が提供されていることになる。以上に加え、膨大な空域・海域が提供され、5万人をこえる兵力が駐留していることも付け加えておきたい。[9]

以上のような自衛隊・米軍を支えるための諸経費について次節で述べるが、それに先だって防衛省所管外の主な経費について述べておきたい。一つは、先に**図表5－4**に関して言及したように、米軍に無償で提供されている国有財産について、もし無償でなければどれくらいの収入となるかを試算した「提供普通財産借上試算」である。2022年度で1643億円にのぼる。[10]もう一つは、米軍に使用させている土地、建物及び工作物や、自衛隊が使用する飛行場及び演習場の用に供する土地、建物及び工作物が広大な面積を有することなどを勘案して交付される「国有提供施設等所在市町村交付金」、そして米軍が建設し設置した建物及び工作物に対する固定資産税が非課税とされていることや、米軍人や軍属等に係る市町村民税等が非課税であることを勘案して交付される「施設等所在市町村調整交付金」である。いずれも総務省が所管し、2023年度の総予算額は375億4000万円である。[11]また、普通交付税の基準財政需要額を算定する際に使われる補正係数の一つである密度補正のなかに「基地補正」があり、毎年160億円ほどが措置されている。

このほか、普天間飛行場返還の前提条件としての名護市辺野古に新基地を建設する施策がすすめられた1990年代半ばから、主として内閣

9　兵力については、沖縄県知事公室基地対策課『沖縄の米軍及び自衛隊基地（統計資料集）』2022年、3頁による。また共同通信の集計によると、日米合同委員会で、在日米軍と自衛隊が施設を相互に使用することで合意した件数が、2013年の7件から年々増加し、コロナ禍の20年を除き、28件だった18年以降は年20件を超え、22年は27件、23年は8月現在で23件に上っている。使用目的の大半は日米共同訓練で、中でも近年は琉球弧での訓練が目立つという。以上は、「日米基地　相互使用4倍」『琉球新報』2023年9月10日による。

10　防衛省編『2023年版　日本の防衛―防衛白書―』日経印刷株式会社、340頁

11　地方税務研究会編『地方税関係資料ハンドブック（2023年）』地方財務協会、194頁。

府が所管するさまざまな予算措置が講じられてきたが、ここでは省略することとする[12]。

## 2　第二次安倍政権下における防衛費優遇ぶり

### (1)　防衛予算の基本的仕組み

すでに述べたように2000年代の防衛費は減少が続いたが、第二次安倍政権発足後の13年度からは増額が続き、22年度は5兆1788億円、そして三文書にもとづく大軍拡初年度の23年度は6兆6001億円に膨れ上がった。

ここでは、23年度の大軍拡に道を開いた第二次安倍政権下での防衛費増加の内実を検証するが、それに先だって防衛予算の基本的仕組みを確認しておく。

防衛費は、大きく人件・糧食費と物件費（事業費）に区分される。前者が、自衛隊員の人件費や食事などに係る経費であるのに対し、後者は、維持費（油購入費、修理費、教育訓練費、医療費、営舎費など）、基地周辺対策費（基地周辺自治体への補助・交付金、同盟強靱化予算（在日米軍駐留経費負担）、施設の借料、補償経費など）、装備品などの購入費、研究開発費などで構成されている。

本章で主たる問題とする債務負担行為に関連して注目するべきは、物件費が、当該年度の契約に基づき、当該年度に支払われる経費である一般物件費と、当該年度以前の契約に基づき当該年度に支払われる経費である歳出化経費に区分されることである。これは、艦船や航空機等の装備品の調達、格納庫・隊舎等の建設など、完了までに複数年度を要するものが多いため、その場合、複数年度に及ぶ契約（原則5年以内）を行う債務負担行為を適用するからである[13]。このような複数

12　詳細は、前田哲男『在日米軍基地の収支決算』筑摩書房（2000年）、川瀬光義『基地維持政策と財政』日本経済評論社（2013年）、同『基地と財政』自治体研究社（2018年）などを参照。

13　2015年に成立した「特定防衛調達に係る国庫債務負担行為により支出すべき年限に関する

年度に及ぶ契約に基づき、契約の翌年度以降に支払う経費を「後年度負担」という。

ここまで述べてきた防衛費は、当該年度に支払われる額の合計であり、これを「歳出ベース」という。これに対し、装備品の取得や施設整備などの事業にかかわって当該年度に結んだ契約額の合計を「契約ベース」という。したがって当該年度の支払額が少ない大型の契約を結ぶほど、歳出ベースと契約ベースの乖離が拡大し後年度負担が増えるのである。

### ⑵　アメリカ製兵器大量取得による硬直化

敗戦後から1960年代までの軍事費の動向を分析した鷲見友好は、国庫債務負担行為と継続費の合計額が軍事費にしめる割合が、二次防までは20％前後であったが、三次防の時期から40％前後にはねあがっており、「最近の軍事費は国庫債務負担行為および継続費が増勢をリードしている」と指摘している[14]。

第二次安倍政権下では、鷲見友好が指摘した点がどのようであったかについて、2000年度以降の防衛費の推移をみた**図表5－6**で確認することとしよう。その後年度負担額に着目すると、2012年度までは、既定分が1兆2000億円ほど、新規分が1兆7000億円ほど、計3兆円弱で推移していることがわかる。ところが、第二次安倍政権が発足した13年度以降をみると毎年増加し、22年度の後年度負担額は5兆3342億円と12年度と比べて80％も増加していることがわかる。このことを反映して、物件費のうちの歳出化経費も12年度の1兆6315億円から22年度には1兆9651億円にも増加したのである。

山崎文徳が第二次安倍政権下での防衛費膨張の要因について詳細な

---

特別措置法」によって、一部の装備品について、国庫債務負担行為の年限が10年となった。18年度までの時限立法であったが、23年度末まで延長された。

14　鷲見友好「軍事費」林栄夫他編『現代財政学体系2　現代日本の財政』有斐閣（1972年）、61頁。

図表５－６　防衛

| 内訳＼年度 | 00 | 01 | 02 | 03 | 04 |
|---|---|---|---|---|---|
| 人件・糧食費 | 22,034 | 22,269 | 22,273 | 22,188 | 21,654 |
| 物件費 | 27,183 | 27,120 | 27,122 | 27,077 | 27,110 |
| 歳出化経費 | 17,810 | 17,689 | 17,756 | 17,839 | 17,458 |
| 一般物件費 | 9,373 | 9,431 | 9,366 | 9,238 | 9,652 |
| 合計(歳出ベース) | 49,217 | 49,389 | 49,395 | 49,265 | 48,764 |
| SACO 関係経費 | 140 | 165 | 165 | 265 | 266 |
| 米軍再編関係経費 | | | | | |
| 当初予算計（歳出ベース） | 49,357 | 49,554 | 49,560 | 49,530 | 49,030 |
| 補正額 | -21 | 198 | -353 | -499 | 101 |
| 後年度負担(既定分) | 12,301 | 12,170 | 12,084 | 11,804 | 11,586 |
| 新規後年度負担 | 17,518 | 17,477 | 17,467 | 17,617 | 17,767 |
| 後年度負担額 | 29,819 | 29,647 | 29,551 | 29,421 | 29,353 |
| 物件費(契約ベース) | 26,891 | 26,908 | 26,833 | 26,855 | 27,419 |
| SACO 関係経費(契約ベース) | 130 | 241 | 329 | 249 | 225 |
| 米軍再編関係経費(契約ベース) | | | | | |

| 内訳＼年度 | 13 | 14 | 15 | 16 | 17 |
|---|---|---|---|---|---|
| 人件・糧食費 | 19,896 | 20,930 | 21,121 | 21,473 | 21,662 |
| 物件費 | 26,908 | 26,908 | 27,100 | 27,135 | 27,334 |
| 歳出化経費 | 16,612 | 17,174 | 17,182 | 17,187 | 17,364 |
| 一般物件費 | 10,296 | 9,734 | 9,918 | 9,948 | 9,970 |
| 合計(歳出ベース) | 46,804 | 47,838 | 48,221 | 48,608 | 48,996 |
| SACO 関係経費 | 88 | 120 | 46 | 28 | 28 |
| 米軍再編関係経費 | 692 | 909 | 1,461 | 1,801 | 2,011 |
| 当初予算計（歳出ベース） | 47,584 | 48,867 | 49,728 | 50,437 | 51,035 |
| 補正額 | 1,122 | 2,038 | 1,917 | 1,817 | 2,273 |
| 後年度負担(既定分) | 14,583 | 14,129 | 16,532 | 22,270 | 26,889 |
| 新規後年度負担 | 16,517 | 19,465 | 22,998 | 20,800 | 19,700 |
| 後年度負担額 | 31,100 | 33,594 | 39,530 | 43,070 | 46,589 |
| 物件費(契約ベース) | 26,813 | 29,199 | 32,916 | 30,748 | 29,670 |
| SACO 関係経費(契約ベース) | 91 | 54 | 49 | 24 | 35 |
| 米軍再編関係経費(契約ベース) | 942 | 1,111 | 3,112 | 2,773 | 2,413 |

注：07・08 年度及び 17 年度以降の米軍再編関係経費は地元負担軽減分のみ。補正額は、追加額から修正減少

（出所：

関係費の推移

（単位：億円）

| 05 | 06 | 07 | 08 | 09 | 10 | 11 | 12 |
|---|---|---|---|---|---|---|---|
| 21,562 | 21,337 | 21,015 | 20,940 | 20,773 | 20,850 | 20,916 | 20,701 |
| 26,739 | 26,570 | 26,800 | 26,486 | 26,255 | 25,975 | 25,709 | 25,752 |
| 17,362 | 17,439 | 17,662 | 17,224 | 16,911 | 16,750 | 16,321 | 16,315 |
| 9,377 | 9,131 | 9,138 | 9,262 | 9,344 | 9,225 | 9,388 | 9,437 |
| 48,301 | 47,907 | 47,815 | 47,426 | 47,028 | 46,825 | 46,625 | 46,453 |
| 263 | 233 | 126 | 180 | 112 | 169 | 101 | 86 |
|  |  | 72 | 191 | 839 | 1,320 | 1,230 | 707 |
| 48,564 | 48,140 | 48,013 | 47,797 | 47,979 | 48,314 | 47,956 | 47,246 |
| 393 | 561 | 399 | 383 | 456 | 93 | 3,378 | 1,127 |
| 11,906 | 12,306 | 12,218 | 12,383 | 12,952 | 12,820 | 12,868 | 12,660 |
| 17,758 | 17,708 | 17,711 | 17,972 | 16,990 | 16,623 | 16,540 | 16,672 |
| 29,664 | 30,014 | 29,929 | 30,355 | 29,942 | 29,443 | 29,408 | 29,332 |
| 27,135 | 26,839 | 26,849 | 27,234 | 26,334 | 25,848 | 25,928 | 26,109 |
| 263 | 365 | 228 | 141 | 114 | 112 | 83 | 134 |
|  |  | 166 | 370 | 1,202 | 1,400 | 1,538 | 843 |

| 18 | 19 | 20 | 21 | 22 | 23 |
|---|---|---|---|---|---|
| 21,850 | 21,831 | 21,426 | 21,919 | 21,740 | 21,969 |
| 27,539 | 28,239 | 29,262 | 29,316 | 30,048 | 44,032 |
| 17,590 | 18,431 | 19,336 | 19,377 | 19,651 | 25,182 |
| 9,949 | 9,808 | 9,926 | 9,939 | 10,397 | 18,850 |
| 49,389 | 50,070 | 50,688 | 51,235 | 51,788 | 66,001 |
| 51 | 256 | 138 | 144 | 137 | 115 |
| 2,161 | 1,679 | 1,799 | 2,044 | 2,080 | 2,103 |
| 51,601 | 52,005 | 52,625 | 53,423 | 54,005 | 68,219 |
| 4,482 | 4,174 | 3,625 | 7,655 | 4,418 |  |
| 29,283 | 27,615 | 28,056 | 28,694 | 28,759 | 28,510 |
| 19,938 | 24,013 | 24,050 | 24,090 | 24,583 | 70,676 |
| 49,221 | 51,628 | 52,106 | 52,784 | 53,342 | 99,186 |
| 29,887 | 33,821 | 33,976 | 34,029 | 34,980 | 89,526 |
| 91 | 172 | 152 | 117 | 144 | 152 |
| 2,264 | 2,540 | 2,638 | 2,930 | 5,590 | 6,090 |

額を差し引いたもの。
防衛省『我が国の防衛と予算』各年、財務省主計局理財局『予算及び財政投融資計画の説明』各年より作成）

分析をおこなっている。山崎によると、戦後日本の政府と防衛産業は、兵器の国産化を追求してきた。その結果、1950〜57年度の防衛装備品の国内調達率は40%弱であったが、80年代後半から2000年代までは90%程度まで推移するようになった。ところが、2010年代になるとアメリカ製兵器の大量購入による調達が急増することになり、「安倍政権下で防衛関係費が拡大しているが、それはF-35をはじめとする高価なアメリカ製兵器のFMS調達によって吸収されている」というのである。そしてそのしわ寄せで、国内の防衛産業の受注はそれほど増えず、物件費のなかでも維持費が抑制されるという事態が生じていると指摘している[15]。

FMS（Foreign Military Sales）とは、アメリカ合州国政府が武器輸出管理法にもとづいて他国に装備品を有償で提供する制度である。最大の特徴は、取引条件や手段がアメリカ政府の方針や規則で定められていることにある。そのため価格がアメリカ政府のいいなりで、高額になりがちである。会計検査院はFMSについて、予定時期を過ぎても納入されていなかったり、納入完了から長期にわたり精算が未完了となっているケースが数多く生じているなどの問題点を指摘している[16]。

こうした問題の多いFMS調達の増加によって、後年度負担額及び歳出化経費が増加してきたのである。この点について財務省も、財政審議会歳出改革部会での配付資料において「（第二次安倍政権が策定した—筆者）「26中期防」以降、新規後年度負担額が歳出化経費を上回り、後年度の要支払額が累増している」「後年度の要支払額が増えれば、毎年の最新の状況を反映させる余地が狭まる[17]」という指摘をせざるを

15　山崎文徳「F-35の大量購入と日本の防衛産業」『経済』（2019年8月）、72頁。同「日本の防衛費と敵基地攻撃論」『日本の科学者』（2021年12月）も参考になる。

16　会計検査院『有償援助（FMS）による防衛装備品等の調達に関する会計検査の結果について』（2019年10月）。辻晃士「有償援助（FMS）調達の概要と課題」『調査と情報』第1176号（2023年3月）も参考になる。

17　2020年10月26日開催の財務省財政制度審議会歳出改革部会配付資料より。

得ない状況であった。

それでも防衛予算を確保するために、財政民主主義の観点からして問題をはらむ手立てが講じられてきた。それは、「予算編成後に生じた事由に基づき特に緊要となった経費の支出」（財政法第29条）を賄うために組まれる補正予算による増額である。**図表5－6**の補正予算の推移をみると、2000年代は数百億円であった。11年度に3378億円計上されているが、これは震災対応という異例の状況によるものであった。ところが、第二次安倍政権発足後最初に編成した2012年度補正予算以降、毎年数千億円計上されていることがわかる。

看過できないのは、その内容の違いである。例えば、2010年度補正予算として防衛省に104億円計上された（**図表5－6**で93億円となっているのは当初予算計上分を11億円減額修正したため）。それは補正予算の目的である円高・デフレ対応のための緊急総合経済対策の一環として地域活性化の推進を図るため行う「防衛施設周辺の生活環境の整備等に関する法律」に基づく住宅の防音工事の助成に必要な経費などであった。他方、12年度補正で防衛省に計上された予算額は2124億円であった（**図表5－6**で1127億円となっているのは当初予算計上分を997億円減額修正したため）。それは歳出ベースであり、契約ベースでは3251億円となっているのである。これは、その使途の多くが装備品関係の支出でしめられているからである。つまり、本来なら次年度の当初予算に計上されるべき経費の一部が、補正予算に盛り込まれているのである。この点に注目した東京新聞社会部の調査によると、2017年度当初予算と16年度補正予算の合計が概算要求額と完全に一致したケースが4件あったというのである[18]。

そしてもう一つ指摘しておかなければならないのは、「歳出化経費」が多くをしめていることである。例えば、最も多額を計上した21年

18　東京新聞社会部『兵器を買わされる日本』文春新書（2019年）、199-200頁。

度補正では、7738億円のうち過半の4287億円が歳出化経費であった。これは要するに、本来なら22年度に計上すべき後年度負担、つまり兵器ローンの支払いの一部を繰り上げたにすぎないことを意味する。

このように年度を異にする補正予算と当初予算を事実上セットで編成するような方式がまかり通ることは、防衛関係費の実情を正確に把握することを困難にさせるものであり、財政民主主義に反すると言わざるをえないのである。

### ⑶ 沖縄差別継続のための別枠予算

次節で詳しく述べる23年度予算にみられる防衛費の特別扱いについては、前例がある。1997年度から計上されているSACO関係経費と2007年度から計上されている米軍再編関係経費である。いずれも、沖縄の負担軽減を名目とした米軍に提供する新基地建設や訓練場移転などのための経費である。SACOにせよ、米軍再編にせよ、その施策の肝は、米軍基地負担をめぐる沖縄差別を継続することにある。というのは、基地返還の条件として沖縄県内の別の場所を差し出すことが求められているからである。その象徴的事例が、普天間飛行場返還の前提条件としての名護市辺野古への新基地建設である。なぜこれが特別扱いの前例かというと、これら経費が当初から通常の防衛予算とは別枠で計上されてきたからである。

辺野古新基地建設については、埋立予定地に軟弱地盤が見つかったことなどからして、完成の見通しがたっていない。その総工費については、2014年には3500億円と示されたが、軟弱地盤への対応などのために余儀なくされた2020年4月の設計変更申請では9300億円と2.7倍に膨れあがり、工期も5年から9年3ヵ月に延ばされた。これは、海底に約7万本もの砂杭などを打ち込み、軟弱地盤を固める改良工事が必要となったためである。

防衛省の説明によると、この新基地建設工事について2006年度から

22年度までに支出した累計額は約4312億円に達しているという[19]。すでに当初見積もった総工費を上回っているが、埋立の進捗率は14％にすぎない。しかも、これまで埋め立てられた場所は、工事が容易な水深の浅い海域である。難易度が高い軟弱地盤の工事が始まっていない時点で、すでに変更申請で示された総工費の半分近くを使ってしまっており、事業費がさらに膨らむことは必定である。

さらに、予算の執行においても杜撰な事例が続出している。例えば、2021年3月19日におこなわれた沖縄等基地問題議員懇談会で防衛省から提供された資料によると、埋め立て工事の契約変更を繰り返し、発注から2年半で工費が当初の259億円から416億円に増え、約1.6倍に上っていることが明らかになった。しかも入札を経ずに工費の増額が繰り返されていたというのである[20]。

また、朝日新聞の調査では、土砂の単価について内閣府沖縄総合事務局が市場価格をもとに目安として公表しているそれの1.5倍を超えていること、2019年度末までに支出された1233億円のうち3割が警備費で占められており、単純計算で1日あたりの警備費が1850万円にも上ること、さらには同盟強靭化予算（在日米軍駐留経費負担）では支出が難しい娯楽施設の建設にも充当されていることなどの問題が明らかになっている[21]。いずれも重大な問題であるが、とりわけ警備費にかくも多額を要していることほど、この事業がいかに不当であるかを端的に示すものはない。というのは、知事選挙、国政選挙、名護市民投票そして県民投票などで繰り返し示された建設反対の民意を、政府が一切顧みることなく工事を強行しているがために余儀なくされた経費支出だからである。

---

19　2023年9月12日に行われた日本共産党沖縄県議団との交渉で、防衛省が明らかにした。以上は、「辺野古経費4312億円に」『琉球新報』2023年9月15日付による。
20　「辺野古埋め立て157億円増」『琉球新報』2021年3月20日。
21　「辺野古移設1兆円「謎」支出も」『朝日新聞』2021年3月7日。

ともあれ、辺野古新基地建設は米軍に提供している普天間飛行場の「代替施設」なのであるから、それに係る経費は、防衛予算のうちの同盟強靭化予算（在日米軍駐留経費負担）に計上されるべきである。実際、岩国飛行場拡張のため1997年から2010年まで行われた沖合埋め立てのための工事費約2560億円の場合は、そのように予算措置されていたのである。

こうした問題の多い米軍再編関係経費などを事実上青天井といえる別枠扱いすることは、沖縄への新基地建設を強行するためならば金に糸目をつけないという政府の姿勢を示している。それでも支持率が大きく下がるなどして政権基盤が揺らぐようなことはなかったのである。こうしたいわば「成功体験」も、防衛費を大幅に増やしても大丈夫という政権の判断を後押ししたのではないだろうか。

## 3　安保三文書による軍拡予算

### ⑴　23年度防衛関係費と財源確保法

23年度防衛予算編成の異例ぶりは、概算要求の時点から始まっていた。政府は22年7月に定めた「令和5年度予算の概算要求に当たっての基本的な方針について」において、「本年末に改定する「国家安全保障戦略」及び「防衛計画の大綱」を踏まえて策定される新たな「中期防衛力整備計画」の初年度に当たる令和5年度予算については、同計画に係る議論を経て結論を得る必要があることから予算編成過程において検討し、必要な措置を講ずる」とし、事項要求とすることを認めた。この方針を踏まえた概算要求では、「①概算要求基準で定められた要求・要望」（算出される額の範囲内で概算要求）」として「これまでの延長線上にあるものとして行う防衛力整備事業」について5兆5947億円を要求したうえで、「②予算編成過程における検討事項」（事項のみの要求）として「「防衛力を5年以内に抜本的に強化する」ために必要な取組み」をすべて事項要求とした。そして「①と②を一体のものとして、必要な事業をしっかりと積み上げ、防衛力を５年以内に抜本的に強化する」ためと思われるが、昨年までは記載があった事業ごとの金額が全て省かれる形での概算要求となったのである。

事項要求とは、概算要求の時点では見通しが立ちにくい事業について要求額を記載しないものだが、あくまで例外である。というのは、概算要求はシーリングにもとづいて設定された範囲内で各省庁が政策に優先順位をつけて必要な額を見積もる手続きで、それによって歳出規模の膨張を抑制することがめざされているのであり、金額を明記しない事項要求が増えるとシーリングが意味をなさなくなってしまうからである。

ともあれ、青天井といってもよい特別扱いの結果、防衛力抜本的強化「元年」を謳った23年度防衛費は、歳出ベースで６兆6001億円を計上、前年度比で１兆4213億円（27.4％）増となった（米軍再編関係経費などを含めると６兆8219億円[22]）。先の**図表５－６**で内訳をみると、増額の大半は物件費によるものであることがわかる。

しかし何といってもこの予算の最大の特徴は、契約ベースの物件費が８兆9526億円と前年度比2.6倍となっていることであろう。**図表５－７**は、2022年度と23年度の内訳の変化をみたものである。装備品等購入費が369％増の4.7倍、航空機購入費が436％増の5.4倍、施設整備費が233％増の3.3倍となるなど、基地対策経費等と艦船建造費等を除いたどの費目も大幅な増額となっている。その結果、新規後年度負担が７兆676億円と前年度比で2.9倍にもなり、既定分も含めた後年度負担額が９兆9186億円と前年度比で４兆5844億円（85.9％）増となっているのである。また「敵基地攻撃能力」強化のためにトマホ

22　2023年８月31日に公表された防衛関係費の2024年度概算要求は、「各分野でおおむね昨年度よりも多くの経費を要求」した結果７兆7385億円となった。

図表5－7　2022・23年度物件費（契約ベース）の内訳　（単位：億円）

| | 2022年度 | | 2023年度 | | | |
|---|---|---|---|---|---|---|
| | 金　額 | 割　合 | 金　額 | 割　合 | 増減額 | 増加率 |
| 維持費等 | 15,711 | 44.9% | 30,375 | 33.9% | 14,664 | 93.3% |
| 基地対策経費等 | 4,888 | 14.0% | 5,122 | 5.7% | 234 | 4.8% |
| 研究開発費 | 2,911 | 8.3% | 8,968 | 10.0% | 6,057 | 208.1% |
| 装備品購入費 | 4,578 | 13.1% | 21,487 | 24.0% | 16,909 | 369.4% |
| 航空機購入費 | 1,782 | 5.1% | 9,552 | 10.7% | 7,770 | 436.0% |
| 艦船建造費等 | 2,511 | 7.2% | 3,765 | 4.2% | 1,254 | 49.9% |
| 施設整備費等 | 1,772 | 5.1% | 5,903 | 6.6% | 4,131 | 233.1% |
| その他(電子計算機等借料等) | 826 | 2.4% | 4,354 | 4.9% | 3,528 | 427.1% |
| 合　計 | 34,979 | 100.0% | 89,526 | 100.0% | 54,547 | 155.9% |

（出所：防衛省『わが国の防衛と予算　令和5年度予算の概要』より作成）

ークを新たに購入するなど、FMSによる装備品等の取得にかかる予算額も契約ベースで1兆4768億円と、前年度の3797億円の3.9倍となっている[23]。こうしてみると、前節で指摘した第二次安倍政権下においてすすめられた債務負担行為によるアメリカ製兵器の大量購入を、さらなる大規模にすすめたのが23年度防衛予算なのだといえよう。

すでに述べたように、新しい防衛力整備計画では、2027年度まで5年間の防衛費の総額は従来の1.5倍超の43兆円と見込まれている。43兆円のうち新たに必要な財源は、約14.6兆円。5年間で防衛関係費を徐々に増やしていって、最終年度の27年度には約3.7兆円が追加で必要になる。**図表5－8**は、財務省が作成した23年度予算案の説明資料『令和5年度予算のポイント』に収録されている「新たな防衛力整備計画に関する財源確保について」である。それによると14.6兆円の財源として、①歳出改革で3兆円強が、②決算剰余金の活用で3.5兆円程度が、③新たに創設される「防衛力強化資金」で4.6兆円～5兆円強が、④税制措置で1兆円超が、確保される。27年度に必要となる3.7兆円

23　『2023年版日本の防衛―防衛白書―』436頁。

図表5－8　新たな防衛力整備計画に関する財源確保について

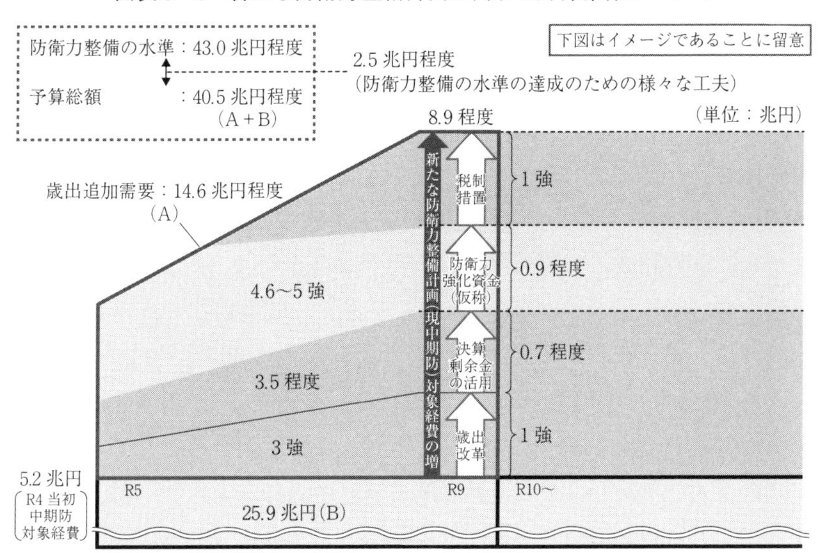


（出所：財務省『令和5年度予算のポイント』2022年度、6頁）

の財源の内訳は①1兆円強、②0.7兆円程度、③0.9兆円程度、④1兆円強、である。

こうした財源確保策について論評する前に強調しておかなければならないのが、23年度予算で自衛隊の隊舎の整備や護衛艦の建造費など計4343億円を建設国債で賄うという重大な政策転換がなされた点である。周知の通り、財政法第4条は、いわゆる赤字国債の発行を禁じている。実際には、長年にわたり大量の赤字国債を発行しているのであるから、防衛費の一部は事実上国債で賄われているといえる。しかしながら、使途が明示されない赤字国債と、防衛費と使途を明示した建設国債とでは、その意味するところはまったく異なるといえるであろう[24]。さしあたりは隊舎の整備や護衛艦などに限定しているとはいえ、

24　この点を指摘したのが、『朝日新聞』2023年2月22日の社説「防衛費と国債　戦後の不文律捨てる危うさ」である。

明確な歯止めがないのであるから、なし崩し的に使途が拡大していくことが危惧される。

23年1月に開幕した通常国会では、③に係る「我が国の防衛力の抜本的な強化等のために必要な財源の確保に関する特別措置法案」(財源確保法) が審議され成立した。それによって外国為替資金特別会計 (外為特会) からの繰入金3.1兆円程度と財政投融資特別会計からの繰入金0.6兆円程度、コロナ予算により積み上がった国立病院機構などの積立金等の不用分の国庫返納0.4兆円程度、国有財産の売却収入0.4兆円程度、計4.6兆円程度を確保することができることとなった。このうち23年度に必要な額 (1.2兆円程度) を超える分 (3.4兆円程度) を防衛力強化資金に繰り入れて24年度以降に活用するとしている。

このうち、不用分の国庫返納と国有財産の売却収入は、1回限りの収入で安定した財源とはなり得ないのは誰もが容易にわかる。では、3.1兆円と最も多くの財源を見込んでいる外為特会からの繰入れはどうだろうか？

外為特会とは、「政府の行う外国為替等の売買等を円滑にするために外国為替資金を置き、その運営に関する経理を明確にすることを目的」(特別会計法第71条第1項) として設けられている。外貨資産の運用収入等の歳入が諸支出金等の歳出を上回った場合に発生する剰余金については、特別会計の健全な運営に必要な金額を外国為替資金に組み入れる一方で、特別会計法第8条第2項の既定により、一般会計に繰り入れている。実際、1982年度以降ほぼ毎年一般会計に対し繰入れを実施しており、2021年度の場合、剰余金2兆2795億円のうち1兆4244億円を22年度一般会計の歳入に繰り入れている[25]。財務省の説明資料によると、財源確保法で3.1兆円を見込んでいるのは、2022年度の剰余金見込に加え、進行年度である23年度の剰余金見込も踏まえた

25　財務省『2022年版特別会計ガイドブック』より。

図表5－9　一般会計決算剰余金の推移

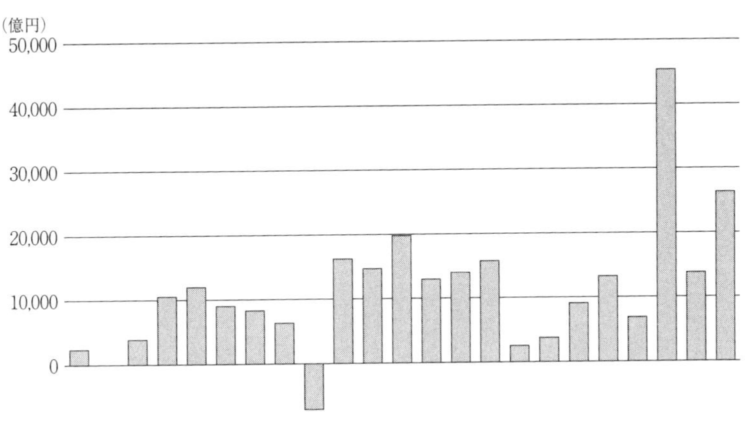


（出所：財務省『決算概要』各年より作成）

金額であるという。しかしながら23年度も見込み通りの剰余金が発生して3.1兆円を確保できたとしても、28年度以降についてどれだけの剰余金が発生するかは、確かなことはわからないというべきであろう。

不確かであるのは、②についても同様である。はたして見込み通り年平均0.7兆円を確保できる1兆4000億円の剰余金が毎年発生するであろうか（財政法第6条の規定により、決算剰余金の半分は国債の減額に充てなければならない）。財務省の説明資料によると、2012年度から21年度までの決算剰余金の平均が年1兆4000億円程度であったことが根拠となっているようである。

そこで2000年度以降の決算剰余金の推移を示した**図表5－9**をみてみよう。直近の22年度をみると、一般会計の税収入が3年連続で過去最高を更新し、初めて70兆円台を突破したこともあって、同年度の決算剰余金は前年度の2倍近い2.6兆円となった。また、20年度について4兆5000億円と突出しているのは、同年度は、コロナ対策による3度の補正などで予算総額が175兆円に膨らんだ上、法人税収が予想以上に上振れる特殊事情が重なったためである。他方、2010年代で最も少なかった15年度は2524億円にとどまっている。さらに2000年代をみると、01年度や08年度のように剰余金が発生しないこともあるのである。要するに、決算剰余金がどれだけ発生するかは、まったく不確かなのである。

こうしてみると、②と③は安定的な財源とはいえず、28年度以降もこの防衛関係費の水準を維持するのであれば、結局は①税制措置つまり増税か④歳出改革によるしかない。④について財務省の説明資料では「社会保障関係費以外についてこれまでの歳出改革の取組を実質的に継続する中で」確保すると書かれているだけで、どの歳出を見直すことによって今後5年間で3兆円を捻出するのか、さらに28年度以降も毎年1兆円をどのようにして捻出するのかについて明確でないのである。

最後に、決算剰余金はこれまで補正予算の財源に充てられていたことも強調しおきたい。それらを防衛費に充当するのであれば、結局は他の施策の縮小を招くか、増税もしくは国債の増発につながることになるであろう。そうすると、先に指摘した建設国債の防衛費への使途拡大は、財源確保策が行き詰まった場合への備えではないかというのはうがった見方だろうか。

### ⑵ 琉球弧の軍事要塞化をもたらす軍拡政策

前田哲男は、このたびの「国家安全保障戦略」の「Ⅳ　我が国を取り巻く安全保障環境と我が国の安全保障上の課題」の節において、「中国の安全保障上の動向」が第一に置かれて、その動向を詳しく述べた上で「深刻な懸念事項」などとしていることからして、「自衛隊にとって中国が「公敵ナンバーワン」になったと受けとめるべき」と指摘している[26]。その中国を念頭において「相手の領域において、我が国が有

26　前田哲男「安保三文書を読み解く」『世界』(2023年3月)、42頁。

効な反撃を加えることを可能とする、スタンド・オフ防衛能力」（国家安全保障戦略）を自衛隊が保持することをめざし大量に購入するトマホークなどのミサイルをどこに配置するのか。それは、いうまでもなく種子島から与那国島にいたる琉球弧が中心である。

実は、琉球弧での自衛隊基地の設置・拡張は、以前からすすめられていた。その重要な契機となったのは、2010年末に閣議決定された「平成23年度以降における防衛計画の大綱」であった。それまで「基盤的防衛力構想」に基づいて行われてきた防衛力整備にかわって、「動的防衛力」を構築するという新方針を打ち出したこの大綱では、南西地域の島嶼部が「自衛隊配備の空白地域となっている」とし、琉球弧への自衛隊配備を重視することを強調していたのである。

そしてその後、琉球弧における自衛隊基地の新設・拡張が急速にすすめられた。『2023年版日本の防衛―防衛白書―』には、冒頭の特集１「激変する時代～10年の変化～」の「2 わが国自身の防衛力の強化～2013年以降進めてきた防衛力整備など～」において、図表５-10のような「南西地域の防衛態勢強化」が掲載されている。それによると、2016年の与那国沿岸監視隊の新編を皮切りに、奄美大島、宮古島、石垣島へと次々とミサイル部隊などの配備が強行されていることがわかる。また、種子島の西方約12kmにある西之表市馬毛島での新基地建設も23年１月12日に着工されている。さらに、北大東村での航空自衛隊のレーダー配備も計画され、23年度予算、そして24年度予算の概算要求においても駐屯地の拡張、部隊増強の施策が目白押しとなっているのである。

こうして、この10年間、琉球弧において中国を事実上の仮想敵国とした部隊配備の最前線とする施策がすすめられてきたが、安保関連三文書にもとづく軍拡はそれを加速化させるものといえるであろう。その結果、沖縄県内の米軍専用施設と自衛隊施設を合計した総面積は、

図表5－10　南西地域の防衛態勢強化

| 自衛隊配備の空白地帯となっている南西地域への部隊配備 |
| --- |
| ・陸自与那国沿岸監視隊新編（2016年）<br>・陸自警備部隊の新編（2019年：奄美大島、宮古島、2023年：石垣島）<br>・陸自12式地対艦ミサイルの取得（2012年～）<br>・陸自03式中距離地対空ミサイルの取得（2014年～）<br>・陸自地対艦ミサイル部隊、地対空ミサイル部隊の配備（2019年：奄美大島、2020年：宮古島、2023年：石垣島）<br>・空自移動式警戒管制レーダーの配備（2022年：与那国島） |
| 本格的な水陸両用作戦能力の整備 |
| ・海自輸送艦の改修<br>・海自掃海隊群の機能強化（2016年～）<br>・陸自水陸機動団の新編（2018年：相浦） |
| 航空優勢の確保のための増強 |
| ・早期警戒機部隊の新編（2014年：那覇）<br>・戦闘機部隊を増強し第9航空団を新編（1→2個飛行隊）（2016年：那覇）<br>・南西航空方面隊の新編（2017年：那覇） |

（出所：防衛省『2023年版　日本の防衛―防衛白書―』3頁）

2019年以降3年連続で増加することとなった。これは、米軍専用施設の減少がなかなかすすまない一方で、自衛隊施設の拡張が行われたことによるのである[27]。

1972年に沖縄が再び日本の支配下におかれるようになった「復帰」に際して、沖縄の人々が願った「基地のない島」は、いっこうに実現しないどころか、米軍に提供する辺野古新基地建設の強行に加えて自衛隊基地の拡張がすすめられている。安保三文書に基づく軍拡は、中国を事実上仮想敵国とした「有事」の最前線にすることを琉球弧に押しつけるものなのである。

## おわりに

2000年代は減額が続いた防衛関係費は、第二次安倍政権発足後に一

27　この指摘は「県内基地面積3年連続増」『琉球新報』2023年4月12日による。原資料は、沖縄県知事公室基地対策課『沖縄の米軍及び自衛隊基地（統計資料集）』各年による。

転して増勢に転じた。しかしその増加は、主としてFMSによるアメリカ製兵器の大量取得によるものであった。その結果、債務負担行為による後年度負担額がかつてなく膨れ上がることとなった。また、本来なら当初予算に盛り込むべく装備品の取得費や歳出化経費の一部を、前年度の補正予算に計上することが恒常化することになった。いずれも財政民主主義の重要な原則である単年度主義をないがしろにするものである。

安保三文書に基づく防衛力抜本的強化「元年」とされた2023年度防衛関係費は、概算要求の時点において、すべての項目を事項要求とすることを認めるという破格の優遇策が講じられ、歳出ベースでは前年度比27.4%増となった。この予算の異様さは、FMSによるアメリカ製兵器の取得に係る予算が4倍近くに膨れ上がったことなどのため、契約ベースの物件費が2.6倍に、新規後年度負担が2.9倍になったことに見いだすことができる。つまり、23年度防衛関係費の異例の増額は、第二次安倍政権下ですすめられた防衛費膨張のための財政民主主義に反する措置を、より大規模に展開した帰結なのである。

この異例の増額をまかなうための財源確保策は、どれだけ発生するか不確かな剰余金などに依存したものであった。これによって27年度までは何とか確保をできたとしても、28年度以降の見通しは不確かなままである。そうすると、財源確保に行き詰まった場合の打開策として国債の増発が浮上する可能性が高い。ここに、建設国債の対象に隊舎の整備や護衛艦の建造費などを加えた意図が見えてくるのである。

要するに、このたびの防衛費の異常な膨張は、概算要求においてすべての項目を事項要求とする、債務負担行為による後年度負担額の異常な増大、どれだけ発生するか不確かな剰余金への依存、そして建設国債の対象に防衛費を加えるなどという財政民主主義の観点からして問題をはらむ措置を乱発しなければ賄えないのである。このような財源確保策しか提示できていないことは、防衛費膨張が無理筋であること、引いては正当性が欠如していることを示している。

こうした無理筋で正当性を欠いた予算確保策は、民意を踏みにじって強行されている辺野古新基地建設など、沖縄の米軍基地過重負担を継続するための予算であるSACO関係経費及び米軍再編関係経費という前例があった。なぜならその予算は、本来なら同盟強靱化予算（在日米軍駐留経費負担）に計上されるべきであるのに、別枠で計上されてきたからである。

沖縄に集中する米軍基地の削減が遅々としてすすまない一方で、2010年末に閣議決定された大綱で「自衛隊配備の空白地域」とされた沖縄・奄美への自衛隊基地の新設・拡張が急速にすすめらてきた。安保三文書にもとづく防衛力抜本的強化は、その流れをいっそう加速化させている。

先の戦争でこの国は、本土決戦の「捨て石」として沖縄に凄惨な地上戦を強いた。そして今また琉球弧を、中国を仮想敵国とした「有事」の最前線にして「安全」を確保しようとしているのである。

# 第6章

# 国家安全保障と地方自治

白藤博行

## はじめに―岸田首相の軍事大国化への目線

米Time誌2023年5月22日／5月29号（発売日2023年05月15日）の表紙[1]に、「日本の選択」の大見出しが打たれ、岸田首相が「長年の平和主義を捨て去り、自国を真の軍事大国にすることを望んでいる」とのキャッチコピーが付された。その後、同誌内の特集記事の見出しは「国際舞台でより積極的な役割を与えようとしている」との表現に修正されたようであるが、Time誌の記者から見れば、岸田首相の目線の先が軍事大国化にみえたことは明らかである。

さて、この記事がG7広島サミットの開催時期（5月19日～21日）に掲載されたのは偶然ではあるまい。岸田首相が、2023年1月23日の施政方針演説で、「国防三文書」（本稿では、2022年12月16日に閣議決定された「国家安全保障戦略」、「国家防衛戦略」及び「防衛力整備計画」の三文書をこう総称）について、「日本の安全保障政策の大転換」と述べたことと大いに関係しているのであろう。実際、「国防三文書」は、誰が読んでも、その「大転換」の方向は軍事大国化であることは一目瞭然である。

本書第1章が、「国防三文書」を鳥瞰し、その問題点を的確に指摘し、以下の各章は、これにかかわる最近の軍事大国化の諸問題・諸傾向を

1　表紙のキャッチコピーは、JAPANS'CHOICE PRIME MINISTER FUMIO KISHIDA WANTS TO ABANDON DECADES OF PACIFISM — AND MAKE HIS COUNTRY A TRUE MIRITARY POWER

活写している。

そこで本章では、これらの諸論稿を踏まえて、国家安全保障と地方自治の問題について若干の論点を指摘したい。本章では、あらためて「国家安全保障戦略」の論点を整理し、その象徴ともいえる沖縄の安保状況を辺野古新基地建設問題も含めて概観し、さいごににわかに始まり急速に展開する第33次地方制度調査会（以下、「第33次地制調」）の「平時」・「非平時」論を検討することで、国家安全保障と地方自治の根本問題について考えてみたい。

## 1 「国家安全保障戦略」の勘所

ここでは、第1章から第5章までのまとめの意味を込めて、行政法研究者から観た「国家安全保障戦略」（以下、「22年安保戦略」）の勘所について整理しておきたい[2]。

### (1) 「安保法制」の更新としての「国防三文書」

「22年安保戦略」は、安倍政権下で初めて策定された国家安全保障戦略（2013年、国家安全保障会議決定・閣議決定の「旧安保戦略」）の大幅改定である。というよりむしろ新戦略であるといったほうがよい。この「旧安保戦略」の策定後、2014年には、「国の存立を全うし、国民を守るための切れ目のない安全保障法制の整備について」が閣議決定され、集団的自衛権の行使が認められた。さらに、2015年には、「我が国及び国際社会の平和及び安全の確保に資するための自衛隊法等の一部を改正する法律」（自衛隊法をはじめとする20法律の一括法）が制定された（政府は、これを「平和安全法制」と呼ぶが、ここでは「安保法制」と称する）。「22年安保戦略」は、「我が国の安全保障に関する基本的な原則を維持しつつ、戦後の我が国の安全保障政策を実践

---

2　この「22年安保戦略」に関する叙述は、白藤「『国防三文書』と平和主義、そして地方自治」『自治と分権』第92号（2023年）37頁以下の再論であり、重複記述があることをお断りしたい。

面から大きく転換するものである」と述べるところからすると、「安保法制」の枠組みを踏まえながらも、「安全保障政策を実践面から大きく転換」することの意味が直ちに問われることになろう。2015年の「安保法制」が、日本国憲法の平和主義から逸脱した「積極的平和主義」への転換であったことからすれば、ここで「維持」するという「我が国の安全保障に関する基本的な原則」は、すでに超憲法的で違憲の疑いの濃い内容であることは明らかであり、安全保障政策の「実践面」からの「大転換」の意味は、さらにこれを補充するだけでなく、積極的・能動的な武力行使を可能とする「積極的戦争主義」への転換が企図されていると読むしかない。

すでに「安保法制」によって、たとえば「周辺事態安全確保法」は「重要影響事態安全確保法」に衣替えし、「重要影響事態」(「周辺事態」の定義から「我が国周辺の地域における」を削除し、「我が国の平和及び安全に重要な影響を与える事態」と定義された事態）が認定されれば、アメリカ合衆国軍隊等に対する後方支援活動等が可能とされている。ここの「等」の記述に着目すると、合衆国軍隊に限らず、しかも後方支援活動にも限られない「軍事活動」が可能となっているわけである。また、様々な事態対処法制をみると、武力攻撃事態等への対処に「存立危機事態」が加えられ、その活動範囲は飛躍的に拡大されてもいる。しかも、これらの「事態対処」においては、武力の行使にかかる「新三要件」(①我が国に対する武力攻撃が発生したこと、又は我が国と密接な関係にある他国に対する武力攻撃が発生し、これにより我が国の存立が脅かされ、国民の生命、自由及び幸福追求の権利が根底から覆される明白な危険があること、②これを排除し、我が国の存立を全うし、国民を守るために適当な手段がないこと、③必要最小限度の実力行使にとどまるべきこと）のもとで武力行使が可能になっている。このような「安保法制」が「国防三文書」の基礎にあることは間違いないが、このうちの外交・防衛政策の基本方針等を定めた最も重要なものが、「22年安保戦略」という位置づけである。

### ⑵ 「22年安保戦略」の要点

「22年安保戦略」の内容は、きわめて広範かつ網羅的であるが、以下、項目を限って整理する。[3]

#### ① 「自由で開かれた安定的な国際秩序」

まず、「自由で開かれた安定的な国際秩序」が、「パワーバランスの歴史的変化と地政学的競争の激化」に伴い、「重大な挑戦に晒されている」といった現状認識から出発している。ここでの「国際秩序」とは、日本を含む「先進民主主義国」が擁護してきた「自由、民主主義、基本的人権の尊重、法の支配といった普遍的価値」と、これを主導してきた「共存共栄の国際社会の形成」を意味し、これに対して、「この普遍的価値を共有しない一部の国家」が「独自の歴史観・価値観に基づき、既存の国際秩序の修正」を図ろうとしており、このことが「新たな緊張」をもたらしているというようにして、趣旨説明が始まる。このような二項対立図式は、ナチスの桂冠学者と言われたカール・シュミット（Carl Schmitt）の「敵・味方理論」あるいは「友敵論」（同『政治的なものの概念』を参照）を想起させるものである。

他方で、「気候変動、感染症危機等、国境を越えて人類の存在そのものを脅かす地球規模課題に対応するために、国際社会が価値観の相違、利害の衝突等を乗り越えて協力することが、かつてないほど求められている時代」といったグローバルな平和構想を展望するかのごとき叙述が続く。しかし、「普遍的価値を共有する多くの国家」VS「普遍的価値を共有しない一部の国家」の二項対立図式＝「友敵論」に立つ限り、「先進民主主義国」（味方の国々＝同盟国・同志国）が共有す

---

3 「国防三文書」の基礎は、「新たな国家安全保障戦略等の策定に向けた提言」自由民主党（2022年）にあることは間違いないが、ここでは省略。

る「普遍的価値」を、これを共有しない国々（敵の国々＝非同盟国・非同志国）に押し付けるか、もしくは「普遍的価値」を共有しないならば敵対することになるのは容易に想像でき、両者の議論の繋がりはとても理解しがたい。

このような「友敵論」は、「自由で開かれたインド太平洋（FOIP）」の安全保障を論ずるところで、その具体的内容が一層明らかになる。まず、経済的手段で他国に圧力をかける中国の「経済的威圧」を批判することから始まり、その対外的な姿勢や軍事動向等が日本と国際社会の「深刻な懸念事項」となっており、日本の平和と安全及び国際社会の平和と安定の確保、「法の支配」に基づく国際秩序の強化にとって「最大の戦略的挑戦」となっている。日本は、これに対して「総合的な国力」と「同盟国・同志国等との連携」で対応すべきものとされる。次に、北朝鮮の軍事動向は、「重大かつ差し迫った脅威」とされ、ロシアの軍事動向は、今のところインド太平洋地域における「安全保障上の強い懸念」にとどめられている。ウクライナへの侵略戦争が勃発後にもかかわらず、この評価である。要は、中国、北朝鮮及びロシアが「普遍的価値を共有しない一部の国家」であると名指しをし、これらの国々にははじめからインド太平洋地域は開かれたものではなく、自由の保障もなく、「自由、民主主義、基本的人権の尊重、法の支配といった普遍的価値」を破壊する敵国であるという「友・敵理論」が「22年安保戦略」の通奏低音となっているということである。したがって、「22年安保戦略」は、「共存共栄」の国際社会の形成などにはほど遠い、敵国どうしがその存在を競い合い、互いに防衛を競い合う、いわば「競存競衛」というしかない総合戦争戦略とでもいえようか。

#### ②　G7広島サミット（主要７ヵ国首脳会議）による「法の支配」の道具化

ここで、「自由で開かれた安定的な国際秩序」の構築と「法の支配」にかかわって、少しだけG7広島サミットにおける首脳会議宣言（2023

年5月20日）にふれておきたい。これによれば、「普遍的価値を共有する多くの国家」VS.「普遍的価値を共有しない一部の国家」の二項対立図式に基づき想定されている国々の連携と対立が一層深刻化しているようにみえるからである。この宣言では、「国際連合憲章の尊重及び国際的なパートナーシップ」に根差して「自由で開かれたインド太平洋」を支持するために、国際的な原則及び共通の価値を擁護するとして、「国連憲章を尊重しつつ、法の支配に基づく自由で開かれた国際秩序を堅持し、強化する」ことが強調されている。特に、「パートナー」と「法の支配」の用語が頻出し、キーワードになっているところに特徴がある。

特に「法の支配」論については、外務省の『2023年版外交青書』を通読すると、「法の支配」とは、「一般に、全ての権力に対する法の優越を認める考え方であり、国内において公正で公平な社会に不可欠な基礎であると同時に、国際社会の平和と安定に資するものであり、友好的で平等な国家間関係から成る国際秩序の基盤」であると定義されている。そして、この「法の支配」の対概念が「力による支配」であり、このような「力又は威圧」による支配を強く否定するものであるとされる。すでに岸田首相が、第77回国連総会の一般討論演説において、1970年の国連総会の「友好関係原則宣言」に「法の支配」の起源を見出し、⑴「力による支配」を脱却し国際法の誠実な遵守を通じた「法の支配」を目指すこと、⑵特に、力や威圧による領域の現状変更の試みは決して認めないこと、⑶国連憲章の原則の重大な違反に対抗するために協力すること、という3原則を述べていたことが想起される。ただ、「22年安保戦略」が、安全保障に不可欠な「力」として、「外交力、防衛力、経済力、技術力及び情報力」の5つの「力」を掲げ、これを実効化するために「安全保障に関わる総合的な国力」まで持ち出しておきながら、いまさら「友敵論」から出発する「法の支配」とは何をかいわんやの感はぬぐえないところである。

このような「法の支配に基づく国際秩序」の形成路線は、「22 年安保戦略」における鍵概念であり、G7 広島首脳会議宣言は、まさしく「国交三文書」、とりわけ「22 年安保戦略」の延長線上にあるといわねばならない。すなわち、同宣言は、中国、ロシア及び北朝鮮並びにこれらの国々の同盟国・同志国を徹底的に排除し、これらの国々にとっては「不自由で閉じられたインド太平洋」を突きつけるものである。他方で、G7 とその同盟国・同志国が、グローバルサウスといわれる新興国・途上国を新たなパートナー（同盟国・同志国）として招き入れる都合の良い内容となっている。したがって、「国防三文書」及び G7 広島首脳会議宣言は、「普遍的価値を共有する多くの国家」VS「普遍的価値を共有しない一部の国家」の二項対立図式＝「敵・味方理論」をリアル化するための格好の道具として「法の支配」を駆使する道具主義的思考を徹底したものであるといえる。「法の支配」の政治的利用に関しては、法律家からの異論は大きかろう。

### ③　日本の安保戦略的アプローチとその具体化方策―防衛力の抜本的強化

「22 年安保戦略」は、「安全保障に関わる総合的な国力」としての外交力、防衛力、経済力、技術力及び情報力の具体化の方策を示している。まず、「日米同盟の強化」及び「同盟国・同志国等との連携」など外交による取り組みが示されているが、その中心は、「国際安全保障の最終的な担保である防衛力の抜本的強化」、とりわけ「反撃能力」の保有が最も重要な内容となっている（詳しくは、第 1 章を参照）。「反撃能力」は、「我が国に対する武力攻撃が発生し、その手段として弾道ミサイル等による攻撃が行われた場合、武力の行使の三要件に基づき、そのような攻撃を防ぐのにやむを得ない必要最小限度の自衛の措置として、相手の領域において、我が国が有効な反撃を加えることを可能とする、スタンド・オフ防衛能力等を活用した自衛隊の能力をいう」

と定義される。このような「反撃能力」は、かねて「他に手段がないと認められる限り、誘導弾等の基地をたたくことは、法理的には自衛の範囲に含まれ、可能である」（1956年2月29日の政府見解）と政府解釈してきたものを踏襲しているが、はたしてそのようにいえるかが議論の焦点である。

このように定義された「反撃能力」は、これまで政府自身が国是としてきた「専守防衛」を内容とする安全保障政策に反することになるのではないかといった問題である。このことを意識してか、「憲法及び国際法の範囲内で、専守防衛の考え方を変更するものではなく、武力の行使の三要件を満たして初めて行使され、武力攻撃が発生していない段階で自ら先に攻撃する先制攻撃は許されない」とわざわざ弁明がなされている。しかし、そもそも「武力攻撃の発生」=「武力攻撃の着手の時点」の判断基準が曖昧なうえ、必要最小限度の自衛措置とはいえ、「相手の領域」において、自衛隊が「有効な反撃」を加えるとなれば、あくまでも「受動的な防衛」を基礎とするこれまでの「専守防衛」の考え方と平仄が合うはずがない。

また、自衛隊が「相手の領域」に出向いて「敵基地」を攻撃すれば、これはまごうことなく「敵基地攻撃」であろうし、日本の領土内からの相手の領域内にある敵基地に「反撃」しても「敵基地攻撃」には違いないことからすれば、すでに「反撃能力」=「敵基地攻撃能力」は明らかである。さらに、相手の攻撃に先んじて「相手の領域」内の敵基地を攻撃することになれば、もちろん「先制攻撃」となる。たとえばJアラートが発せられたとき、これを信じて「反撃」すれば、これも立派な「先制攻撃」となろう。つまり、武力攻撃の有無や着手の判断を誤れば、「反撃」=「敵基地攻撃」は、いつでも「先制攻撃」になる危険は避けられないということである。

しかも、「22年安保戦略」には、なぜか「憲法及び国際法の範囲で」

と書かれているが、「専守防衛」は憲法前文とその具体化である第9条の規定からの論理的帰結であり、必ずしも国際連合憲章など国際法規範を根拠としたものではない。平和憲法を有する日本国の固有の憲法問題として考えなければならない。憲法は、「平和を愛する諸国民の公正と信義に信頼して、われらの安全と生存を保持しようと決意した」（前文）ものであり、「22年安保戦略」が前提とするごとき「国際安全保障の最終的な担保である防衛力」など、そもそもその保有を許してはいないのである。

#### ④　「防衛力そのものとしての防衛生産・基盤技術の強化」・「防衛装備移転の推進」

次に、防衛生産・技術基盤を防衛力とする考え方から、持続可能な防衛産業の構築のための各種取り組みを推進し、官民先端技術研究の防衛装備品を積極活用し、そのための新たな態勢強化を図るとされている。また、防衛装備品の海外への移転に向けて、「武器輸出三原則」を見直した「防衛装備移転三原則」（2014年4月1日、閣議決定）をさらに見直し、各種支援を行い、官民一体で防衛装備移転を一層推進するとある。この点、「防衛力整備計画」の「防衛技術基盤の強化」・「防衛技術基盤の強化」の項目まで含めると、「様々なリスクへの対応や防衛生産基盤の維持・強化のため、製造等設備の高度化、サイバーセキュリティ強化、サプライチェーン強靱化、事業承継といった企業の取組に対し、適切な財政措置、金融支援等を行う」とあり、政府主導による海外移転の推進を図り、そのための基金も創設するなど、積極的な企業支援が予定されていることがわかる。このような政策の実施のため、必要な予算措置等、これに必要な法整備、及び政府系金融機関等の活用による政策性の高い事業への資金供給を行うなど、至れり尽くせりである。

すでに現在、軍需産業を支援し、場合によっては国営化も辞さないような「防衛生産基盤強化法」(防衛省が調達する装備品等の開発及び生産のための基盤の強化に関する法律）及び財政基盤を強化する「防衛財源確保法」(我が国の防衛力の抜本的な強化等のために必要な財源の確保に関する特別措置法）が成立し、防衛費予算＝5年間に43兆円などが、動き出している（詳しくは、第4章を参照)。要するに、防衛装備品＝武器等の輸出禁止を大幅に緩和し、防衛産業を支援し、その国営化も辞さない構えである。これでは、日本が、まがりなりにも戦後一貫して「平和国家」としての道を歩み、専守防衛に徹し、他国に脅威を与えるような軍事大国とはならず、非核三原則を守るといった基本原則を堅持してきたと主張する政府の「自負」は消失している。「戦争国家」への大きな一歩を踏み出している。

⑤　経済安全保障の国家安全保障戦略化

経済安保に関しては、2022年5月11日に経済安全保障推進法（以下、「経済安保法」）が制定され、同年9月に「経済施策を一体的に講ずることによる安全保障の確保の推進に関する基本的な方針」も策定されたが、厳密にはどこにも「経済安全保障」の公式定義がなされたことはなかった。「22年安保戦略」では、「我が国の平和と安全や経済的な繁栄等の国益を経済上の措置を講じ確保すること」と、一応定義されているようである。この経済安保法では、①特定重要物質の安定的供給（サプライチェーン）の強化、②外部からの攻撃に備えた基幹インフラ役務の重要設備の導入・維持管理等の委託の事前審査、③先端的な重要技術の研究開発の官民協力、及び④原子力や高度な武器に関する技術の特許非公開の4本柱からなっている。このように経済安保は、「22年安保戦略」の中に位置づけられることで、国家安全保障戦略化されたことが重要な点である。安全保障戦略における脇役から主役への抜擢とでもいえる。すでにかなりが具体化され、さらに新たな機密・秘密保護システムといえるセキュリティ・クリアランスの制度

（適性評価制度）の導入が喫緊の政策課題・政治課題となっている（詳しくは、第3章を参照）。

このような経済安保法には、非同盟国・非同志国に対しては経済制裁を武器として軍事安全保障を補完する「経済制裁法」としての機能が期待され、逆に、同盟国・同志国及び日本企業に対しては、「経済支援法」としての機能が期待されている。さらにいえば、経済安保法は、経済安保を「他者による意図的な行為であれ、災害などの非意図的な現象であれ、国家にとって、その存在を脅かす事象に対処することが目的」となる「守り」にすぎないものであるといえるが、「22年安保戦略」の中に位置づけられた経済安保は、もはや「国家の主体的な行為として他国に対して何らかの意思をもって、経済的手段を通じて影響力を行使」することで国家の望む結果を得ようとする「攻め」のものとなっており、すでに「エコノミック・ステイトクラフト（ES）へと変質しているようにみえる。セキュリティ・クリアランスの制度導入が実現すれば、まさに「守り」の経済安保から、「攻め」のESへとその性格が確実に変わる[4]。

憲法9条の「武力なき平和」論の真の意味を顧みず、「敵基地攻撃」論や「核共有」論を平気で持ち出す現政権である。経済安保法は、「別の手段の戦争」としての力を発揮する国際政治の現実的ツールを準備し、リアルな軍事戦争への扉を開く「経済戦争法」へと転形する危険を内包している。

## 2　「22年安保戦略」と沖縄問題

### (1)　「22年安保戦略」と辺野古訴訟

国防は国の専管事項などというが、戦争は、直ちに国がまるごと戦

4　エコノミック・ステイトクラフトについては、鈴木一人「検証　エコノミック・ステイトクラフト」『国際政治』205号、日本国際政治学会（2022年）を参照。

場になるわけではない。必ず攻撃国のどこかの地域（基地）から攻撃が行われ、被攻撃国のどこかの地域（基地）が犠牲になることから始まる。そのことを自覚すれば、国家安全保障の問題は、地方自治の問題と切っても切り離せない問題であることがわかる。とりわけ沖縄のように、日本に駐留するアメリカ軍の基地の約70％が集中するところでは、国家安全保障と沖縄県および沖縄県民との関係問題は、平時のときから深刻である。

辺野古訴訟をウォッチングし続けていると、国が辺野古新基地建設にこだわる理由や「国防三文書」との関係が明らかになってくる。辺野古訴訟は、もっぱら国が普天間飛行場の危険性の除去を理由に、「辺野古が唯一の解決策」などと主張して、普天間飛行場の代替施設の建設のために、沖縄県名護市辺野古沿岸域の公有水面の埋立事業の承認を出願したことに端を発する。仲井眞弘多知事がこの埋立承認をしたところ、その後、辺野古新基地建設に反対する故翁長雄志知事が当選し、この埋立承認を取り消した。国が、突然、地方自治法の訴訟要件をまったく満たさない代執行訴訟を提起し、一連の辺野古訴訟といわれる国・自治体間訴訟が始まった（2015年10月13日。形式的には「和解」、しかし実質的には沖縄県の勝訴）。現在までのところ、実に13件もの訴訟が争われてきた[5]。いかにも国と沖縄県との間の「訴訟合戦」のように見えるが、いずれの訴訟においても、国が、埋立工事や埋立予定地の安全性等を立証もできないまま、無理やり埋立事業を進めようとしてきたことが問題となっている。これに対して、沖縄県は、沖縄県民の生命や安全あるいは自然環境を守るために、埋立事業

5　この間の経緯や行政法・地方自治法上の問題についての文献は、紙野健二・本多滝夫編『辺野古訴訟と法治主義』日本評論社（2016年）、徳田博人・前田定孝ほか著『Q&A 辺野古から問う日本の地方自治』自治体研究社（2016年）、紙野健二・本多滝夫・徳田博人編『辺野古裁判と沖縄の誇りある自治』自治体研究社（2023年）をはじめとして、最近に至るまで多くの文献・新聞報道があるところである。

の安全性等を慎重に審査し、その確信が得られない状況では埋立事業は認められないと主張をし続けている。まさに国家安全保障をやみくもに遂行しようとする国が、沖縄県民の、沖縄県民による、沖縄県民のための政治行政を実現しようとする沖縄県の地方自治を抑え込むといった構図である。

一連の辺野古訴訟では、そもそもは故翁長知事が行った仲井眞知事の承認取消処分や承認撤回処分の適法性が焦点であったが、現在は、超軟弱地盤の発覚などで当初の埋立承認にかかる設計概要に基づく工事が不可能になった国が、埋立変更承認申請を余儀なくされ、これに対する玉城デニー知事の変更不承認処分の適法性、さらには変更承認処分を求める国交大臣の「是正の指示」の適法性、そしてついに知事の変更承認を国が代わってなすことを求める代執行訴訟にまで展開している。小稿ではとても語りつくせない訴訟の経緯と論点があるが、ここでは、手短に現在係属中の変更不承認処分にかかる代執行訴訟の一端だけを紹介しておきたい。

ちなみに代執行訴訟とは、都道府県が処理する法定受託事務について、知事による事務権限の管理・執行に法令違反の違法がある場合など、「代執行等」関与の措置以外の方法でこれを是正することが困難で、かつ、これを放置すれば著しく公益を害することが明らかなときに限って、当該法令の所管大臣が、当該知事の管理・執行を求めて勧告、次に指示を行っても、なお知事がこれに従わないとき、執行命令を裁判所に求めることができ、この執行命令が出たにもかかわらず、なおも知事がこれを行わないとき、当該大臣は、知事に代わって執行できるという制度である（地方自治法第245条の8）。本件代執行訴訟の場合は、国交大臣が、沖縄県知事の埋立変更不承認処分を違法として、期限を限って承認をするよう勧告及び指示の是正の措置を講じたところ、なおも知事が変更承認をするに至らなかったため、代執行訴訟を提起したものである。現在、福岡高裁那覇支部で係属中である[6]。

さて、その詳細を論じる暇はないが、代執行訴訟にかかる国の訴状を読むと[7]、国は、表向き沖縄の基地負担の軽減や普天間基地の危険の除去と言いながら、どれだけ経費がかかろうが、どれだけ時間を要しようが、どれだけ工事が危険で不可能といわれようが、「辺野古が唯一の解決策」として譲らない本音があらわであり、辺野古新基地建設が、いかに国の安保政策にとって不可欠なものであり、そのため辺野古訴訟の勝利が、今後の「国防三文書」の実現に向けても絶対的条件であることが理解されよう。

すなわち、訴状では、代執行訴訟の要件充足に入る前に、長々と本件訴訟に至る経緯について述べる中で、わざわざ最初の埋立承認申請で主張された「埋立の動機」（「埋立必要理由書」）にふれ、「我が国に駐留する米軍のプレゼンスが、我が国の防衛に寄与するのみならず、アジア太平洋地域における不測の事態の発生に対する抑止力として機能しており、極めて重要であること等に言及した上で、普天間飛行場が米海兵隊の運用上極めて大きな役割を果たす一方、同飛行場の周辺に市街地が近接しており、地域の安全、騒音、交通などの問題から、地域

---

6　国は、本件代執行訴訟の前提として、埋立変更承認を求める「是正の指示」関与について、最高裁 2023 年 9 月 4 日判決（9.4 最判）をもって、その違法性が確定したかのごとく主張しているが、まったくの誤った解釈である。この 9.4 最判は、いかに国交大臣の裁決（審理員意見書のママ）を鵜呑みにしたものであり、同大臣の「是正の指示」関与も、審理員意見書＝裁決と同一内容のものであり、知事の承認処分にかかる裁量権の行使についての実体的審理をいっさい行っていない代物である。9.4 最判等の批判的検討については、さしあたり白藤「辺野古埋立不承認に関する国交大臣の『裁決的関与』と『勧告』・『是正の指示』」『社会科学年報』第 57 号、専修大学社会科学研究所（2023 年）81 頁以下、同「『9.4 辺野古最高裁判決』こんなずさんな『審理員判決』でいいのか」『世界』2023 年 11 月号、岩波書店、10 頁以下を参照。また、審理員意見書＝裁決＝是正の指示の実態をつぶさにご覧になりたい方は、自治労連・地方自治問題研究機構の HP の「研究と報告」（https://www.jilg.jp/research-note /2023/09/20/1638）を参照のこと。

7　この訴状は、ブログ「辺野古で考える地方自治」（https://drive.google.com/file/d/1_6bueiofdv-3UTbmQWApX9Sz-H-A_3vn/view）にアップされているので参照。沖縄県の答弁書は、沖縄県知事公室辺野古新基地建設問題対策課の HP（https://www.pref.okinawa.jp/site/chijiko/henoko/latest.html ）で見られる。

住民から早期の返還が強く要望されており、政府としても、同飛行場の固定化は絶対に避けるべきとの考えであり、同飛行場の危険性を一刻も早く除去することが喫緊の課題であると考えていること、そこで、日米両政府が、普天間飛行場の代替施設について、多角的な検討を行い、総合的に判断した結果、移設先は辺野古とすることが唯一の有効な解決策であるとの結論に至った」と述べている。そして、本件代執行訴訟では、最大の争点のひとつになろうと思われる「法令違反等を放置することにより著しく公益を害することが明らかであること」の条件充足の主張の中でも、普天間飛行場の返還及び代替施設の設置に関する我が国と米国との間の交渉経過等を踏まえた上での普天間飛行場の危険性の除去の「公益性」を縷々述べている。また、国交省水管理・国土保全局水政課長に宛てた沖縄防衛局長の文書「普天間飛行場代替施設建設事業に係る埋立地用途変更・設計概要変更承認申請について」によればということで、「本件変更承認申請を承認しない被告の違法な事務遂行を放置すると、我が国の安全保障と普天間飛行場の固定化の回避という公益上の重大な課題が達成されず、普天間飛行場の周辺住民等の生命・身体の危険を除去できない上、日米間の信頼関係や同盟関係等にも悪影響を及ぼしかねないという外交・防衛上の不利益が生ずる。」とも述べる。

国は、たしかに普天間飛行場の周辺住民の生命・身体の危険の除去といった「公益性」にも言及するが、それは、すべて日本の安全保障、外交上・防衛上の利益といった「公益性」の達成の方便であることが一目瞭然である。普天間飛行場の除去にかかわる公益性が極めて高いというならば、それこそ辺野古新基地建設の完成を待たずに、普天間飛行場の供用を停止するのが筋であろう。このように辺野古新基地建設の強行の通奏低音として、「国防三文書」で示されることになった国家安全保障戦略が先取り的に実施されているのである。

### ⑵ 「22年安保戦略」と沖縄の軍事要塞化・南西諸島の軍事列島化

沖縄県は、2022年5月、沖縄本土復帰50周年を記念して、「平和で豊かな沖縄の実現に向けた新たな建議書」を公表し、2023年に入って、沖縄県議会が「沖縄を再び戦場にしないよう日本政府に対し対話と外交による平和構築の積極的な取組を求める意見書」を政府に提出している。玉城知事は、同年9月、国連人権理事会で、「米軍基地が集中し、平和が脅かされ、意思決定への平等な参加が阻害されている沖縄の状況を世界中から関心を持って見てほしい」と訴えた。これらの武力なき平和への願いの表明は、「辺野古が唯一の解決策」に象徴される沖縄を唯一の犠牲にする安保政策に対する強い異議申し立てにほかならない。

ところが、実際には、これをせせら笑うかのように、沖縄本島だけではなく、南西諸島における自衛隊基地の新設と機能強化が着々と進められている。この「沖縄の戦さ場化」の現況をつぶさにみれば、「国防三文書」の先には、さらに「日本の戦さ場化」が見える。少なくとも、アメリカは、「台湾有事」を口実に、日本をアメリカにとって都合のよい防波堤にするための「日本の戦さ場化」を想定しているに違いない。実際、すでに世界遺産の島である奄美大島に巨大弾薬庫が設置され、そのほか宮古島、石垣島、与那国島の空港・港湾が「特定重要拠点空港・港湾」に指定され、住民の合意のないミサイル配備等が着々と進められている。「共同テーブル」主催の「新しい戦前にさせない」連続シンポジウムの第7回「シンポジウム　沖縄を再び戦さ場にするな！」(2023年10月17日) のパネリストのひとり山城博治氏の資料によれば[8]、2016年以降の新設・移設部隊（出典：琉球新報2023年6月23日）は、①与那国駐屯地—与那国沿岸監視隊（2016年)、第53警戒隊（一部・2022年)、②石垣駐屯地（2023年3月16日開設)—対

8　共同テーブルのHP（https://www.kyodotable.com）を参照。

艦ミサイル、対空ミサイル駐屯地へ搬入、八重山警備隊、地対艦誘導弾部隊（健軍駐屯地から移設）、地対空誘導弾部隊（竹松駐屯地から移駐）、③宮古島駐屯地―宮古警備隊（19年）、第7高射特化群移駐（20年）、第302地対艦ミサイル中隊（20年）、保良訓練場内弾薬庫一部供用開始（21年）、④那覇駐屯地―陸自電子戦部隊（22年）、⑤那覇航空基地―空自第9航空団（16年）、空自南西航空方面隊（17年）、南西航空警戒管制団（17年）、⑥知念分屯地―陸自電子戦部隊（22年）とされている。また、2023年度以降も、以下の配備が予定されているようである。⑦陸上自衛隊勝連分屯地への地対艦ミサイル部隊配備、⑧陸上自衛隊沖縄訓練場内への弾薬・燃料集積補給拠点設営、⑨陸上自衛隊宮古島駐屯地の新たな弾薬庫建設公表、⑨北大東島に移動式レーダー配備、⑩那覇空港誘導路の増設、与那国新港建設、避難シェルター建設、島々空港滑走路延長などである。

これらの防衛関連施設は、当然、「重要施設周辺及び国境離島等における土地等の利用状況の調査及び利用の規制等に関する法律」（政府は「重要土地等調査法」と呼称し、土地の経済的利用との両立をうたうが、あくまでも主目的は国家安全保障を目的とする「防衛関係施設等周辺土地規制法」とでもいうべきものである。2022年9月20日全面施行）による重要施設等に該当し、ただちにその周辺区域（おおむね1km）の土地等が当該施設等の「機能阻害行為の用に供されることを防止する必要があれば、「注視区域」・「特別注視区域」の指定候補地となる。これらの指定は、内閣府の土地等利用状況審議会の調査審議に基づき内閣総理大臣が行うが、すでに2回の指定が行われている（それぞれ内閣府告示を参照）。たとえば、2023年7月の第2回目の指定では、全国10都府県161ヵ所の「注視区域」・「特別注視区域」が指定され、現在、全部で219ヵ所となっている。沖縄では、八重山だけでも14ヵ所、全県では39ヵ所の指定となっている。同法に基づく土地調査は、規制対象区域の土地所有者の氏名、国籍等に及び、防衛施設等の「機能阻害行為」に対する中止勧告、罰則の賦科等を伴う命令が可能である。土地の利用が阻害されたり、住民の生活が監視されたりすることはないなどというが、そんなことはとてもありえない。完全に国家安全保障を目的とした、住民の生活・経済活動規制法である。その解釈・運用いかんによっては、憲法の基本的人権を侵害するおそれは極めて高いことに注意しなければならない。

このようなかたちでも、住民は国家安全保障のために、より直截的には自衛隊のために犠牲を強いられているが、このような犠牲を払う住民は、不幸にも何らかの武力衝突事態あるいは戦争が始まった際、その安全を確保されるのだろうかという素朴な疑問が残る。結論からいえば、自衛隊は住民を守らない、である。むしろ、防衛施設・軍事施設等が整備されれば整備されるほど、その周辺住民は攻撃対象とされるだけで、必ずしも守られるわけではない。いわゆるジュネーブ条約第一追加議定書などで示される「軍事目標主義」や「軍民分離の原則」などからすれば当然の帰結であるかもしれないが、日本の国民保護法や防衛省・防衛装備庁の国民保護計画を見ても、防衛省・自衛隊の任務は、主たる任務を「武力攻撃の排除措置」に限られており、この任務遂行に支障の生じない限り、できる限り「国民保護措置」を講ずることとされている。したがって、武力衝突時や戦時における国民保護は、もっぱら国民保護を任務とする内閣、とりわけ内閣官房と地方公共団体によって行われるという整理がなされている。沖縄では、南西諸島の「要塞化」への住民の危惧に対応するためであろうか、このところ、松野官房長官は、沖縄県の宮古島市、石垣市あるいは先島諸島・多良間村まで訪ね意見交換をし、また、受け入れ先の候補としての鹿児島県や熊本県を訪れ、「南西有事」の際の協力要請のパフォーマンスを披露している（10月の各紙新聞報道)。そのほか、国民保護計画に基づく住民避難訓練も行われているが（那覇市や与那国町）、その実効性は期待できない。住民は、いったん武力衝突等が始まれば、危険に巻き込まれるだけで、誰も助けられない事態が予想されるだけである。政府は、安保・国防は国の専管事項と言いながら、住民の実効的保護は置き去りのままの「22年安保戦略」の現実がみえる。

以上のとおり、沖縄及び南西諸島＝南西地域の国防列島化・要塞列島化は既成の事実となっており、「国防三文書」の内容が先取り的に具体化されており、いったん戦争が始まれば標的の島々になるのは確実となっている。この点、上記の沖縄県議会意見書で示された「アジア太平洋地域の緊張を強め、沖縄が再び戦場になることにつながる南西地域へのミサイル配備など軍事力による抑止ではなく、外交と対話による平和の構築に積極的な役割を果たすこと」、そして「日中両国において確認された諸原則を遵守し、両国間の友好関係を発展させ、平和的に問題を解決させること」といった要望を真摯に受け止めなければならない。このことが、「22年安保戦略」＝「国防三文書」に対する有効な対抗手段の一つであると確信する。

## 3　「22年安保戦略」と第33次地方制度調査会の「非平時」論

### ⑴　第33次地制調における「非平時」に関わる議論

第33次地方制度調査会（第33次地制調）への諮問は、「社会全体におけるデジタル・トランスフォーメーションの進展及び新型コロナウイルス感染症対応で直面した課題等を踏まえ、ポストコロナの経済社会に的確に対応する観点から、国と地方公共団体及び地方公共団体相互間の関係その他の必要な地方制度のあり方について、調査審議を求める」（2022年1月14日）というものであり、必ずしも「22年安保戦略」に対応する国・地方関係の制度のあり方を直截に求めたものではない。

しかし、すでに第1回専門小委員会（同2月7日）において、事務局の調査審議内容の説明では使われていなかったにもかかわらず、委員から「平時・非平時」における国・地方関係の切り分けが提起され、たとえば「新型コロナウイルス感染症の対応」が「非平時」対応の例としてあげられ、「非平時」における「国・地方の融合ないし連携のプロセス」の可視化とその統制の必要性についての問題提起がなされている。これが、初めての「非平時」用語の使用であろうか。この段階で、すでに「平時」から「非平時」への切り替えの設計にかかる課題も出されているが、全体としては「ポストコロナ及び非平時における国と地方の役割分担」といった漠然とした検討課題が示される程度であった。つまり、「平時」・「非平時」論の萌芽がみられるという程度であった。

この「平時」・「非平時」をめぐる議論は、第10回専門小委員会以降、「非平時に着目した地方制度のあり方」として意識的になされてきたようにみえる。ただ、本稿では、議論の推移を逐一追う余裕はないので、特に第18回で「参考資料3」として整理された「専門小委員会における主な意見（非平時関係）」などを参考にして、かつ、本稿の課題との関係で筆者が重要と思う特徴的な論点に着目して、若干の検討を行うにとどめたい。筆者の関心から整理すると、おおむね以下のような論点が出されている。

＊「非平時」における国の関与を地方自治法という一般ルールの中で規定すべきか。

＊「地方分権改革」・地方自治法の関与の仕組みは、「非平時」において障害となるか。

＊個別法の想定外の事態に対して、「非平時」を想定したカテゴリーの作成が重要か。

＊地方分権の「個別最適」化の方向 VS 国と地方の役割分担の調整

という「全体最適」の方向
* さまざま資源制約の中、国による全体最適の実現は強力に、しかし、その範囲は広げすぎない。
* 一般ルールの規定の仕方—基本原則など大原則だけ規定し、あとは手続段階での要件効果規定。国と地方の責務規定にとどめる。
* 仮想の災害シミュレーションに基づく両者の連携等
* 「非平時」の場合の「取りこぼし」を防ぐための「包括的な概念」としての「補充的緊急事態」
* 「平時」から「非平時」への切り替えのトリガーは何か、誰が引き金を引くか。
* 総合的な非常事態法制が必要か。
* 自然災害、感染症、武力攻撃事態の３分類の意義
* 一般法になんらかの受け皿が必要といった合意はあるか。
* 「国民の生命・身体の保護のために必要な」場合について、類型化された緊急事態では対応できない「補充的緊急事態」であるとの認定は誰がするのか。
* 一般法の枠組みは、個別法の枠組みの「補充的受け皿」である。
* 「平時」から「非平時」への切り替え、つまり「補充的緊急事態」宣言の手続。閣議決定、対策本部長の同意、それとも国会報告が必要か。
* 指示権行使の規定をどうするか。個別法での対応不能の場合、一般法による補充的権限発動としての指示権行使ということか。
* 指示権行使の場合の国地方関係はどうなっているのか。例外的に指示権の発動を要する場合とはいかなる場合か。
* 自治事務にかかる「指示権」の行使はどうなる。
* 個別法が想定しない場合とはどのような場合か。そもそも個別法が存在しない場合、個別法は存在するが想定外の事態が発生した

場合、それとも個別法が存在するが用意された指示権の要件不充足の場合か。

*「補充的指示権」の行使主体は誰か。

*指示権行使の事後的チェックが重要。その後の法整備も重要。

*地制調における「非平時」の議論は、本来国・地方関係だけでなく、緊急事態一般の議論の中で、私権制限を伴う指示等も含めて考えるべき。その場合、「緊急事態法制」論への影響を意識する必要があるのではないか。

### ⑵ 「非平時」論についての若干の検討

さて、委員の意見が、あれこれあるということはよくわかるが、何を目的としているのか、どこに収斂しようとしているのか、はたして諮問事項にこたえるだけの理論的内容あるいは法制化に耐えうる体系性が備わっているのか、まったくわかりにくい議論が展開されているようにみえる。

#### ① 「非平時」概念の必要性と危険性

あれこれの「非平時」論が語られるが、結局は、「平時」でないというだけであり、いまだ曖昧なままであるというしかない。「非平時」に匹敵する言葉としては、「緊急時」、「非常時」、「異常時」、「過酷事故時」、「災害時」、「例外事態」、「戦時」など、さまざまであろう。それぞれの行政分野で、その事態の個別具体の性質で、さまざまに定義が可能であるに違いない。たとえば、武力行使を伴う「戦争」事態を「有事」あるいは「戦時」というとすれば、日常生活を平穏に送れる状態は「無事」あるいは「平時」といえよう。ナチスの桂冠法学者といわれたカール・シュミット（C. Schmitt）からみれば、「非平時」は、彼のいうところの「例外状態」あるいは「非常事態」（Ausnahmezustand）と同義であり、このような事態こそ、憲法の明文規定の存在にかかわらず真の「主権」の所在が試される例外事態であるということになろう。

このように「非平時」を定義するのは容易なことでなく、その真の意味が問われるところである。いまは、第33次地制調の議論が、憲法における緊急事態条項の制定の呼び水にならないことを祈るしかない。

「非平時」の概念にかかわる議論では、さまざまな法の規制の「取りこぼし」を防ぐための「包括的な概念」としてとらえ、単なる「緊急事態」ではなく、想定可能な「緊急事態」からも零れ落ちる事態を「補充的緊急事態」として把握し、これを規制するための概念とする考え方は興味深い。しかし、このような「非平時」概念が、「平時」から「非平時」への切り替えの厳密な基準もなく恣意的に行われ、その例外性・限定性を失うことになれば、「非平時」本来の意味を失うことは容易に想像可能である。「非平時」において、「平時」における民主主義手続がおろそかにされたり、地方自治や地方分権の理念がかなぐり捨てられたり、法治主義がないがしろにされたり、あるいは基本的人権が保障されなくなれば、憲法の理念や基本的価値を具体化する立憲主義が根こそぎ崩壊することになろう。本稿の課題である国家安全保障の持つ危険性が露呈することになる事態である。まさに、「そこのけそこのけ安保が通る」の状態が、「非平時」というエクスキューズで生まれる危険があることには注意したい。

この点では、「非平時」の定義とその必要性にかかわって、ひとつ提案しておきたい。「非平時」の定義の困難性は認めざるを得ないが、もし憲法が保障する地方自治の観点から定義するとすれば、「非平時」とは、「地方公共団体が憲法によって保障された自治権を行使することがとうてい不可能なほどの例外状態あるいは非常事態が発生したとき」とでも定義できようか。ただ、その場合でも、いったい自治権の行使が不可能な場合がどのような場合であるかについて、個別的具体的な検討が必要であることは当然である。このように定義することで、「非平時」といった包括的な概念のもとでつまり「例外状態」の名のもとで、地方自治法をあたかも危機管理法のごときものへと転形する議論を回避できるのではないかと考えるからである。

② 「非平時」における国の指示権

憲法が保障する地方自治の観点から、なにより見逃せないのは「非平時」における国の指示権を一般法である地方自治法に定めるかどうかといった議論である。そもそも地方自治法は、憲法の「地方自治の本旨」を具体化する法律として憲法附属法といわれる重要な法律である。1999年の大改正で、国と地方公共団体の関係を見直し、両者の対等関係を基本とする適切な役割分担を保障し、それゆえ機関委任事務体制を一掃して新たな地方公共団体の事務区分を定めたうえで、地方公共団体に対する国の関与についても、関与法定主義、関与の基本原則などとともに、関与の基本類型に応じたそれなりの関与の仕組みを構築することとなった。この仕組みは、なおも不十分なものであれ、「地方分権改革」の一定の方向性を示したところである。ところが、「非平時」における国の指示権にかかる議論は、この「地方分権改革」の方向に真正面から逆行するものであるようにみえる。

なにより理解できないのは、たとえ「非平時」とはいえ、仮にも憲法具体化法としての地方自治法の位置づけである。たしかに地方自治法は一般法の性格を帯びている。しかし、きわめて包括的な概念である（つまり、訳の分からない概念である）「補充的緊急事態」の取りこぼしを防ぐといった理由から、あるいは、一般法の枠組みを個別法の枠組みの「補充的受け皿」であるといった意味不明の解釈によって、地方自治法の存在意義を軽んじてはならない。「非平時」における国の指示権を地方自治法に定められないかの議論の中でいえば、「補充的緊急事態」において、「個別法における指示」を「一般法における指示」で補充するという考え方がそれである。地方自治法は、関与の仕組みを法定したといわれるが、それは正確にいえば、国の関与を制限する仕組みを法定したものである。この関与の制限の仕組みの中に、個別法に根拠がなく国の指示権が行使できないとき、あるいは現行の地方自治法の関与のルールでは国の指示権が行使できないとき、国が指示権を行使することができるという根拠規定を置くといった議論はいったい何事か。これは「地方分権改革」の成果を踏みにじり、憲法の地方自治保障を後退させるものであり、否、軽視・無視するもの以外のなにものでもない。繰り返すが、地方自治法は、一般法は一般法でも、憲法が保障する地方自治を具体化する憲法附属法たる性格を持つものである。地方自治法は、この意味で、「憲法の一般的具体化法」といえる。そして個別法は、この地方自治法の趣旨・目的を踏まえて、個別行政領域ごとに個別具体化する行政法である。この意味では、憲法の「個別的具体化法」であるといえる。地方自治法が個別法を補充するものであるといった乱暴な議論を支持することはできない。

ちなみに第18回専門小委員会の「補足説明資料（非平時に着目した地方制度のあり方関係）」（資料4）における「一般法による個別法の指示権の補充の考え方」では、「一般法に基づく補充的な指示は、個別法が想定せず指示が行使できない事態に行使できるようにするものであるが、一般法の要件に従って、当該事態の性質、規模・態様等に照らし、国民の生命・身体・財産の保護のための措置を的確かつ迅速に実施する上での必要性の判断がなされる必要がある。」「その判断に当たっては、個別法の指示が、どのような事態において行使されることを想定して要件が設定されているかを踏まえる必要があることから、一般法に基づく補充的な指示が行使されるのは、個別法に基づく指示の要件においては想定されていなかった事情が生じている場面になると考えられる。」とされる（下線は筆者）。これは、「非平時」における国の指示権にかかる要諦であるが、「個別法が対象としている事態以外の想定外の場合」として改正災害基本法の例が挙げられ、「個別法の指示権の要件に該当しない想定外の場合」として改正新型インフル特措法の例が挙げられ、「個別法の指示権の要件に該当しない想定外の場合」として改正感染症法の例が挙げられている。しかし、意図的かどうか不明であるが、「個別法が対象としている事態以外の想定外の場合」についても、「個別法の指示権の要件に該当しない想定外の場合」についても、事態対処法制及び国民保護法制に関係する例が挙げられていない。このことが意味するところは、事態対処法法制や国民保護法制の法領域には、上記のごとき個別法の想定外の場合が想定できないのか、それとも、すでに「想定外の場合」が存在しないほどにもれなく規定されているのか。いずれにしても、これは、「危機管理法制」とひとくくりで論じることが難しいことを物語っている。「新型コロナウイルス感染症対応で直面した課題の検討といっても、「22年安保法制」にかかる「非平時」における国の指示権の議論は、改正新型インフル特措法や改正感染症法の議論と同列に論じられない問題を含んでいることを示唆している。この意味では、特に武力攻撃事態等の「非平時」対応については慎重でなければならず、もはや地制調の審議の範囲を超えるかもしれないことにも要注意である。

この点、委員の中には、地方自治法の趣旨・目的を正しく理解し、地方自治の本旨や国と地方の適切な役割分担、特に「補完性の原理」の意義を主張する委員がいる。牧原出委員は、専門小委員会の発言において、国に情報が集まるといった十分な条件が整わないと国はミスジャッジをするし、国の監督局面が決定的となったときに国の指示なり判断が必要になってくるといった認識を示し、国の指示権の行使に原理・原則を求めている。また、「危機に及んで国が地方自治体に有無を言わさず命令を出す。地方分権改革の流れを念頭に置くと、それに逆行する制度改正となる」とも指摘する（自治日報第4229（2023年10月9日）号)。「非平時」において、一般的に国に指示権を付与すれば、問題が解決するかのごとき発想は、「非平時」において、一般的に国の判断能力が地方の判断能力に優位するといった根拠のない議論である。「非平時」においても、まず個々の地方自治体で何をどこまで対応できるか、もし個々の地方公共団体で対応ができなければ、その連合自治組織あるいは広域地方自治団体ではどうかなど、憲法・地方自治法の原理・原則に立ち戻った議論が不可欠である。そして、「非平時」において国や地方が何をすべきかの議論は、「非平時」における国民・住民が置かれた状態から出発し、これを徹底的に救済・支援・救護するという視点から発想することが肝要である。人間の生命・人権保障を何より優先して考えることに徹すれば、資源制約・リソース不足を理由にした効率論や機動的対応論がいかに不毛な議論であるかに気づくはずである。「平時」から「非平時」への切り替え論が、「分権」から「集権」への切り替え論に転形してはならない。もし「非平時」論がメインストリームになれば、地方自治法は地方自治法ではなくなる。

## おわりに―日本国憲法の平和主義への目線

縷々述べてきたように「22年安保戦略」は、「法の支配」を声高に強調するが、このところ日本国内の「法の支配」の実態すら心もとないのに、何がグローバルな法の支配かという疑念は払しょくできない。元内閣法制局長官の阪田雅裕が、法曹の良心からして、「憲法9条は死んだ」といわざるをえない日本の憲法状況、立憲主義・法治主義の状況でもある。その理由は、①「安保法制」によって集団的自衛権の行使を根拠に海外での武力行使が可能となり、②「22年安保戦略」に基づく「反撃」=「敵基地攻撃」の名の下で「専守防衛」が可能となったことである。政権による恣意的解釈によって集団的自衛権と反撃能力の際限なき拡大に憲法的限界を示すことの意義を指摘しているのである。これに対して、憲法学者・樋口陽一は、安保法制の制定の際に、確かに反対勢力は負けたが、そこで抗った市民の活動は無駄ではなく、主体になれるものは決して踏みつぶされていない。もう一度押し戻す力は出てくると断言する。学ぶべきは「在野の構想力」であるというのである（朝日デジタル 2023 年 5 月 3 日）。憲法の旗が残っていれば、世の中の悪い流れに対する抵抗の手がかりにもなるともいう。憲法が小さな市民活動や一人ひとり個人の生き方にかかわり「定着」していることを確信している（河北新報 2023 年 5 月 3 日）。

これらの議論は、表現は違えど戦争国家イデオロギーが蔓延する時代に、憲法の重要性をあらためて意識させられる言説である。われわれ国民が、このような警告に耳を貸さないでいると、憲法 9 条だけでなく、そのほかのいろいろな憲法条文は壊死させられてしまう。弱き者たちが平和を希求することさえ許さないという憲法になり下がってしまう。憲法、特に憲法 9 条を生かすも殺すも、われわれ国民次第である。「22 年安保戦略」問題は、まさにこの憲法の存在理由を問うものであるという自覚が必要である。

本稿では、沖縄を犠牲にする（見捨てる）国の傲慢と、犠牲にされる（見捨てられる）沖縄の憤りについても述べた。しかし現実には、このような無辜の国民を差別する政治・行政を正す司法も機能していないようにみえる。ただただ戦争遂行体制の整備だけが進んでいるようにもみえる。第 33 次地制調では、これをフォローするかのように「非平時」における地方自治法の見直し、国地方関係の見直しが議論されている。「非平時」は自治と分権を必要としないのだろうか。地方自治法を単なる危機管理法制の一部であるかのようにしてしまってよいのだろうか。あらためて「非平時」における自治と分権の議論を組み立てなおさなければならない。そのためにも、憲法が保障する地方自治と憲法が保障する平和主義を別々に考えるのではなく、たとえば平和自治権の保障の議論から出発してはどうだろうか。

〈著　者〉

**永山茂樹**（ながやま しげき） 東海大学法学部教授（憲法学） 執筆：第1章

主な論文・著書：「「ウクライナ戦争」が日本にあたえるインパクト」『法の科学』54号、日本評論社（2023年)、「安保三文書のもたらす危機と日本国憲法」『憲法運動』2023年6月号、憲法改悪阻止各界連絡会議（2023年)、「実質改憲としての安保三文書改訂」『法と民主主義』2022年10月号、日本民主法律家協会（2022年）など。

**小山大介**（こやま だいすけ） 京都橘大学経済学部准教授（地域経済学・政治経済学） 執筆：第2章

主な論文・著書：『変容する日本経済—真に豊かな経済・社会への課題と展望』鉱脈社（2022年）編著、『米中経済摩擦の政治経済学—大国間の対立と国際秩序』晃洋書房「(2022年）共著、「多国籍企業の海外事業活動と戦略的撤退」『多国籍企業研究』6号、多国籍企業学会（2013年）など。

**井原　聰**（いはら さとし） 東北大学名誉教授（科学史・技術史） 執筆：第3章

主な論文・著書：「大軍拡とSC（セキュリティ・クリアランス）制度法制化の危険性」『経済』2023年9月号、新日本出版社（2023年)、「経済安全保障推進法の狙いと危険性」『法と民主主義』2022年11月号、日本民主法律家協会（2022年)、「アカデミアの軍事動員：経済安保法「官民協議会」の企図」『世界』960号、岩波書店（2022年）など。

**前田定孝**（まえだ さだたか） 三重大学人文学部准教授（公法学） 執筆：第4章

主な論文・著書：『辺野古裁判と沖縄の誇りある自治』自治体研究社（2023年）共著、「安保・経済行政を高等教育行政へと浸食させる諸装置」『日本の科学者』663号、日本科学者会議（2023年)、「自治体が保有する個人情報の外部提供」『三重大学法経論叢』40巻1号、三重大学法律経済学会（2022年）など。

**川瀬光義**（かわせ みつよし） 京都府立大学名誉教授（地方財政学、地域経済学） 執筆：第5章

主な論文・著書：『平和で豊かな沖縄をもとめて』自治体研究社（2022年）共著、「財政民主主義を破壊して強行される琉球弧の軍事要塞化」『けーし風』第115号、新沖縄フォーラム刊行会議（2022年)、『基地と財政』自治体研究社（2018年)、『基地維持政策と財政』日本経済評論社（2013年)、『沖縄論—平和・環境・自治の島へ—』岩波書店（2010年）共編など。

**白藤博行**（しらふじ ひろゆき） 専修大学名誉教授（公法学） 執筆：第6章

主な論文・著書：「9・4辺野古最高裁判決」『世界』2023年11月号、岩波書店（2023年)、『辺野古裁判と沖縄の誇りある自治』自治体研究社（2023年）共著、「「デジタル社会形成」における国家・社会のDXとインテリジェンス体制の構築」『法の科学』53号、日本評論社（2022年)、『平和で豊かな沖縄をもとめて』自治体研究社（2022年）共著など。

国家安全保障と地方自治―「安保三文書」の具体化ですすむ大軍拡政策―

2023年11月15日　初版第1刷発行

著　者　井原　聰・川瀬光義・小山大介
白藤博行・永山茂樹・前田定孝

発行者　長平　弘

発行所　㈱自治体研究社
〒162-8512 東京都新宿区矢来町123 矢来ビル4F
TEL：03・3235・5941／FAX：03・3235・5933
http://www.jichiken.jp/　E-Mail：info@jichiken.jp

ISBN978-4-88037-757-5 C0031

DTP：赤塚　修
デザイン：アルファ・デザイン
印刷・製本：モリモト印刷㈱